CLASSE DE QUATRIÈME

PROGRAMMES D'AOUT 1880

HISTOIRE NATURELLE

DES

PIERRES ET DES TERRAINS

GÉOLOGIE

PAR

STANISLAS MEUNIER

Docteur ès sciences.

Avec 90 figures dans le texte

ET UNE CARTE GÉOLOGIQUE COLORIÉE

G. MASSON

PARIS, BOULEVARD SAINT-GERMAIN, 120

GÉOLOGIE

DU MÊME AUTEUR :

Premières notions de Géologie. Les Pierres et les Terrains (Classe de Septième). 1 vol. in-18 avec 63 figures dans le texte. Cartonné................................. 2 fr.

4265-82. — CORBEIL. TYP. ET STÉR. DE CRETÉ.

HISTOIRE NATURELLE

DES

PIERRES ET DES TERRAINS

GÉOLOGIE

PAR

STANISLAS MEUNIER

Docteur ès sciences.

Avec 90 figures dans le texte

ET UNE CARTE GÉOLOGIQUE COLORIÉE

PARIS

G. MASSON, ÉDITEUR

LIBRAIRE DE L'ACADÉMIE DE MÉDECINE

120, Boulevard Saint-Germain, en face de l'École de Médecine

1882

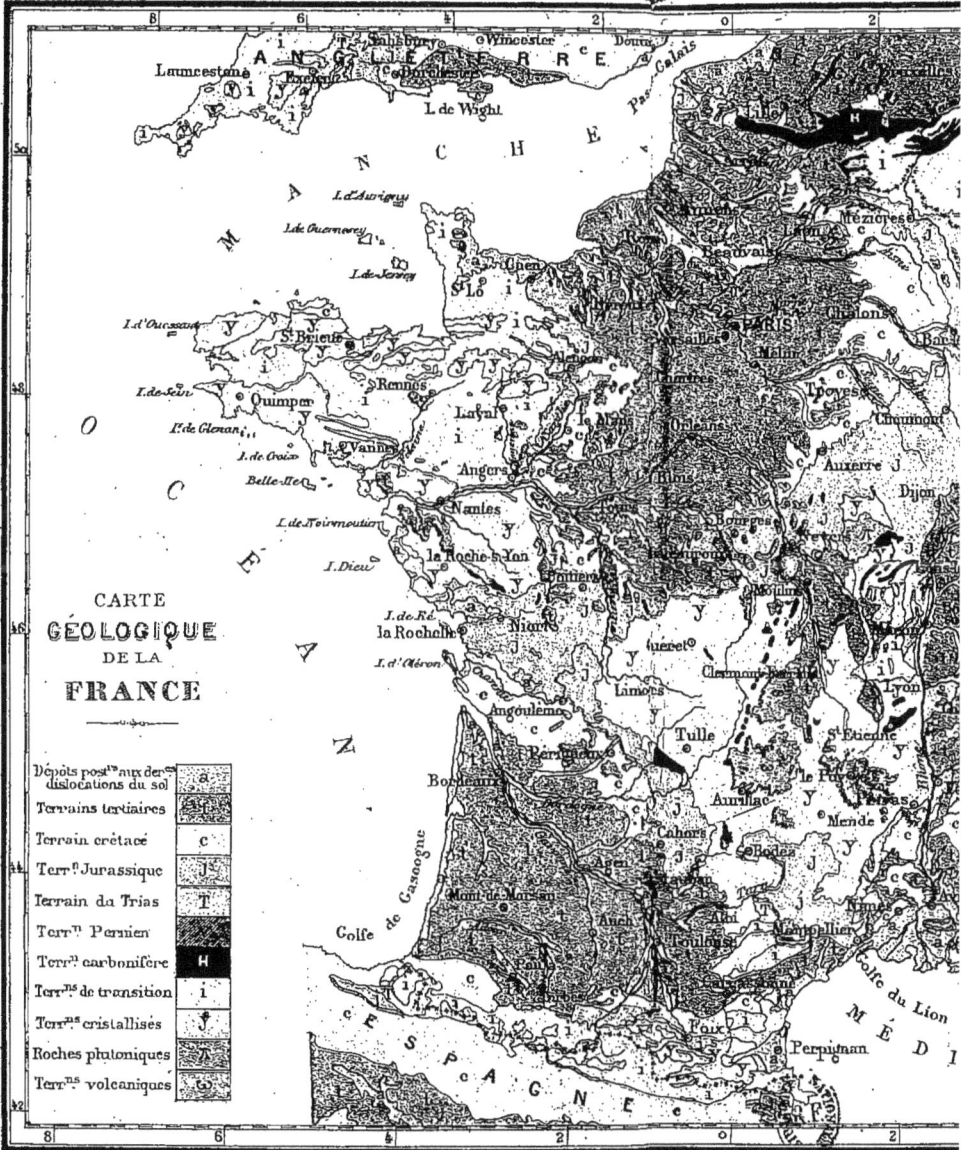

CARTE
GÉOLOGIQUE
DE LA
FRANCE

Dépôts post⁻ˢ aux der⁻ˢ dislocations du sol	a
Terrains tertiaires	
Terrain crétacé	c
Terr⁻ⁿ Jurassique	J
Terrain du Trias	T
Terr⁻ⁿ Permien	
Terr⁻ⁿ carbonifère	H
Terr⁻ⁿˢ de transition	i
Terr⁻ⁿˢ cristallisés	J
Roches plutoniques	A
Terr⁻ⁿˢ volcaniques	

ANGLETERRE
Launceston Salisbury Winchester Douvr
Exeter Dorchester Pas de Calais
I. de Wight

MANCHE

I. d'Aurigny
I. de Guernesey
I. de Jersey

I. d'Ouessant
St Brieuc St Lo Caen
Rennes Laval Le Mans Orléans
Quimper Angers Blois
I. de Seín
I. de Gleran Vannes Nantes
I. de Croix
Belle-Ile la Roche-s-Yon Poitiers
I. de Noirmoutier

OCÉAN

I. Dieu Niort Gueret
I. de Ré la Rochelle
I. d'Oléron Limoges Clermont-Ferrand Lyon
Angoulême Tulle St Étienne
Bordeaux Périgueux Aurillac Le Puy Mende
Cahors Rodez
Golfe de Gascogne Mont-de-Marsan Albi
Auch Toulouse Montpellier
Foix Perpignan

ESPAGNE

PARIS Amiens Beauvais Mézières
Chalons
Melun Troyes Chaumont
Auxerre Dijon
Bourges Moulins

MÉDITERRANÉE
Golfe du Lion

Paris. Imp. Becquet

HISTOIRE NATURELLE

PIERRES ET DES TERRAINS

GÉOLOGIE

(Programmes de la Classe de quatrième)

PREMIÈRE PARTIE

MODIFICATION CONTINUE DU SOL

Malgré l'apparence première qui donne l'idée de la stabilité et de la permanence de la terre, celle-ci est dans un état de modification continue. Le relief du sol, le dessin des côtes, les inflexions des rivières changent constamment; et dans beaucoup de lieux, par exemple sur le littoral et dans les montagnes, il résulte de pareils changements des altérations d'aspect si rapides qu'elles peuvent rendre le paysage méconnaissable d'une année à l'autre.

Les agents principaux de ces métamorphoses sont les uns purement météoriques comme l'air humide, la·pluie et les *eaux sauvages* résultant de sa chute; — d'autres superficiels, comme la mer, les cours d'eau, les glaces et les vents; — les derniers profonds, comme les sources thermales, les volcans, et les déplacements des fluides intérieurs de la terre.

Nous allons rapidement examiner les effets de ·chacun d'eux.

St. Meunier. — Géologie. Quatrième.   1

CHAPITRE PREMIER

MODIFICATION DU SOL PAR L'ACTION DES AGENTS
MÉTÉORIQUES ET DES EAUX SAUVAGES.

Parmi les agents météoriques de démolition des roches
le plus efficace à première vue est certainement la pluie.

Chaque pluie entraîne le long des pentes les parties
fines, terre végétale, sable et argile délayée, et ces pous-
sières sont charriées successivement par les ruisseaux,
les rivières, les fleuves et les courants marins.

Dans les pays de montagnes, la quantité de matériaux
ainsi déplacée est énorme, et il en résulte parfois la
stérilisation complète de régions jusque-là couvertes de
pâturages productifs.

Dans les Pyrénées, dans les Alpes, on peut citer beaucoup de points d'où la terre végétale a ainsi disparu.

Une des causes principales de ces désastres c'est le
déboisement ; les arbres par leurs racines retiennent très
efficacement la terre, et par leur branchage arrêtent
les grands vents et brisent les grandes pluies. Aussi le
remède est-il précisément le reboisement, déjà tenté
avec succès dans diverses régions et qu'on doit s'efforcer
de généraliser.

Le charriage des terres par les pluies, sans prendre
les proportions dont nous venons de parler, a lieu sur
toutes les pentes et par exemple sur le flanc des coteaux
cultivés en vignes ; aussi est-ce un travail périodique,
pour le vigneron de bien des régions, que d'aller, au

printemps, reprendre en bas de la côte la terre descen-
due et de la remonter dans la hotte placée sur son dos.

Vous verrez souvent sur les flancs des coteaux, de
petits murs peu élevés dirigés perpendiculairement à la
pente et dont le but est d'empêcher le glissement de
la terre.

Ce que fait la pluie, ce que fait l'eau ruisselante sur le
sol, appelée si justement *l'eau sauvage*, le vent le réalise
aussi. La poussière qui obscurcit l'atmosphère est tout
à fait comparable à la vase qui trouble un cours d'eau,
et son origine est exactement la même : la dégradation
du sol.

Il est des pays où la quantité de poussière arrachée
par le vent est colossale ; on s'en aperçoit surtout dans
les points où elle retombe.

Par exemple, en Chine, on assiste parfois à des pluies
de poussière qui durent sans interruption pendant plusieurs jours consécutifs. L'air en est tout chargé et le
soleil n'apparaît que comme au travers d'un verre en-
fumé. Vous pensez bien que la poudre ainsi suspen-
due dans l'atmosphère est extrêmement fine ; aussi pénè-
tre-t-elle jusque dans les appartements et les meubles
fermés. Elle fait éprouver une grande gêne aux personnes
qui la respirent et détermine de très nombreuses ophthal-
mies.

Mais l'action de l'eau et de l'air ne s'attaque pas
seulement à de la poussière toute formée, comme en
fournissent les sables et la terre végétale.

Les intempéries convertissent en poussière les roches
les plus dures.

A ce point de vue, l'agent le plus énergique, c'est la
gelée et surtout le dégel qui la suit. Presque toutes les
roches sont poreuses, c'est-à-dire accessibles à la péné-
tration d'une quantité d'eau plus ou moins considérable dans les petits vides qu'elles contiennent. En se

congelant sous l'influence du froid, l'eau ainsi empri-
sonnée augmente de volume. Vous savez, en effet, que
la glace flotte sur l'eau, et comme le poids de l'eau qui
gèle ne change pas, il faut, d'après une loi physique
bien connue, que son volume ait augmenté et que sa
densité ait diminué.

Or cette augmentation de volume développe une puissance mécanique dont l'énergie dépasse tout ce qu'on
supposerait. C'est ainsi que des bombes placées dans
un mélange réfrigérant, après avoir été remplies d'eau,
font explosion au moment de la congélation du liquide.
La figure 1 représente l'effet produit.

Ce qui a lieu pour la bombe se produit entre les parois
des pores des roches ; et les pierres, dites *gélives*, sont
ainsi véritablement pulvérisées par la gelée. Les fragments
sont d'ailleurs retenus au voisinage les uns des autres
par la glace elle-même, et c'est au moment du dégel
qu'ils se séparent, et se trouvent à la disposition des agents
de charriage.

Les plantes inférieures et spécialement les lichens
agissent à peu près à la manière de l'eau : leurs cram-
pons, malgré la faiblesse de leur apparence, triturent les
roches les plus compactes et les plus dures telles que les
marbres et les granits, et vous savez déjà que c'est ainsi
que s'élabore pour une part la terre végétale.

Ce n'est pas seulement l'eau superficielle qui dégrade
le sol : celle qui circule dans la terre détermine souvent
le même effet.

Dans les roches calcaires, les eaux qui pénètrent à
la faveur des fissures et des crevasses réalisent sur le
carbonate de chaux une véritable dissolution. Elles ouvrent ainsi, puis agrandissent peu à peu, des canaux dans
lesquels elles circulent et qu'on désigne parfois sous le
nom de cavernes. Certaines cavernes servent de lits à
de vraies rivières souterraines.

En arrivant au jour elles donnent naissance à des
sources remarquables par leur volume et la célèbre fon-

Fig. 1. — Bombe brisée par la congélation de l'eau.

taine de Vaucluse en représente le meilleur exemple.
De même des cours d'eau superficiels, même considé-

rables, peuvent s'engouffrer tout en bloc dans de semblables cavités et il y a alors, comme on dit, *perte de la rivière*. On connaît la perte du Rhône ; la perte du Loiret ; la perte de la Lesse, etc. Cette dernière a lieu par le moyen de la grotte du Han, aux environs de Dinant en Belgique, et la figure ci-jointe en reproduit l'aspect (fig. 2).

Par suite de l'agrandissement successif des conduits souterrains, il peut se produire des tassements qui se font sentir à la surface par des éboulements plus ou moins considérables. C'est par exemple ce qu'on a constaté bien des fois à Lons-le-Saunier où, à la fin du siècle dernier, plusieurs maisons s'abîmèrent tout à coup dans des cavités si profondes que leur toit se trouva recouvert de 15 mètres d'eau. Le gouffre avait 22 mètres de diamètre et on y vida près de 16,000 tombereaux de déblais sans parvenir à le combler.

En circulant à la surface des couches d'argile que le sol renferme à divers niveaux, les eaux amènent parfois le délayage de celles-ci. Dès lors les masses rocheuses qui étaient superposées aux argiles perdent leur assiette, et si le terrain est en pente, elles glissent d'ensemble suivant la déclivité.

Ces circonstances ont maintes fois déterminé dans les pays de montagnes d'épouvantables catastrophes. En 1800, la vallée de Goldau fut ainsi recouverte par les débris du Rossberg qui ensevelit plusieurs villages. L'île de la Réunion a été, en 1875, le théâtre d'un événement du même genre, et l'éboulement du Piton des Neiges (fig. 3) y causa la mort de 62 personnes. Le 4 septembre de l'année dernière (1881) une partie du Plattenberg, près de Glaris en Suisse, s'est effondrée sur le hameau d'Unterthal et sur une partie du village d'Elm.

La couche de matériaux éboulés avait, suivant les points, de quinze à vingt-cinq mètres d'épaisseur. La Sernft, obstruée par ce barrage subit, accumula en un

lac ses eaux qui, au bout de quelques heures, forcèrent
la digue et se ruèrent sur un village voisin. Plus de cent
personnes périrent.

Fig. 2. — Grotte du Han (perte de la Lesse).

Désagrégation des roches granitiques; argile, kaolin.
— De même que les sables, les argiles et les calcaires,
les roches cristallines et par exemple les granits sont
susceptibles d'éprouver les actions démolissantes décri-

tes plus haut. Mais elles peuvent en outre éprouver des phénomènes chimiques tout spéciaux.

Vous savez que le granit est une roche grenue résultant de l'agrégation de cristaux plus ou moins incom-

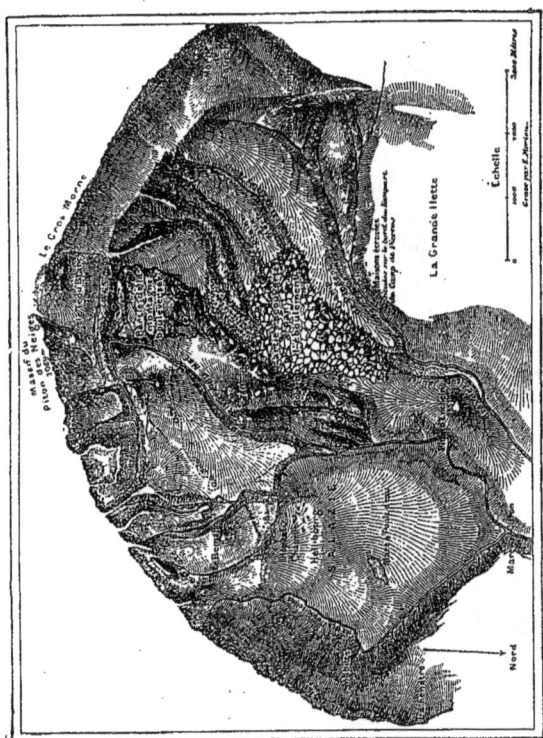

Fig. 3. — Carte de l'éboulement du Piton des Neiges à la Réunion, déterminé en 1875 par le glissement du sol argileux détrempé par la pluie.

plets appartenant à trois espèces minérales distinctes : le quartz, le feldspath et le mica.

Or, sous l'influence de certaines causes, vapeurs émanées des régions profondes, du globe ou même de certains agents externes, tels que l'eau et l'acide carbonique atmosphérique, le feldspath éprouve une décomposition complète. C'était à l'état normal un *silicate double d'alumine et de potasse ;* il se scinde en *carbonate de potasse* soluble et que les eaux entraînent au loin — et en *silicate hydraté d'alumine.* Celui-ci quand il est très pur est parfaitement blanc. On le recherche avidement à l'exemple des Chinois pour en faire de la porcelaine, et on lui a laissé le nom de *kaolin* qu'il porte dans l'empire du Milieu. Il en existe beaucoup auprès de Limoges.

Quand la substance est moins pure, elle constitue les *argiles* dont on connaît d'innombrables variétés. Les sortes riches en calcaire ou carbonate de chaux sont appelées *marnes.*

CHAPITRE II

MODIFICATIONS DU SOL PAR L'ACTION DE LA MER, DES
COURS D'EAU, DES GLACES ET DES VENTS.

Recul des falaises de la Manche. — Il suffit d'une simple promenade le long des côtes de la Manche pour
reconnaître que la mer détermine la démolition très
rapide de la falaise : de toutes parts le littoral est jonché
de débris qui manifestement proviennent de la terre
ferme. Ce sont des quartiers entiers de craie, cette pierre
blanche et tendre qui forme du haut en bas le rempart
continental — et ce sont des galets de silex, dus à l'usure
subie par les rognons pierreux, qui à diverses hauteurs du
mur crayeux dessinent des lignes sensiblement horizontales et visibles de loin.

Quant au procédé de l'usure il est facile à découvrir.
Chaque vague heurte les uns contre les autres les galets
accumulés en longs cordons parallèlement au rivage (fig. 4).
Après le choc de la lame sur le sol, on entend bien nettement le rauque frottement des pierres. A chaque coup
les galets perdent un peu de leur substance qui, réduite
à l'état de sable plus ou moins fin, est emportée, par les
courants marins à des distances diverses.

Cette démolition, réalisée sur des matériaux aussi ré-
sistants que les silex, est encore plus active aux dépens
de la craie. Les fragments parfois gros comme des maisons qui gisent au pied de la falaise sont bientôt
délayés : l'eau qui les baigne est blanche comme du lait,

et si vous la recueilliez vous verriez après un repos
suffisant s'accumuler au fond du vase une couche de
limon fin acquérant peu à peu de la consistance, de façon
à reprendre sensiblemeut les caractères de la craie elle-
même.

Sur la côte l'agitation des flots s'oppose à un pareil
dépôt, mais les courants entraînent le limon vers les
parties plus profondes où les mouvements de la surface
ne se font jamais sentir. Dans ces régions calmes la

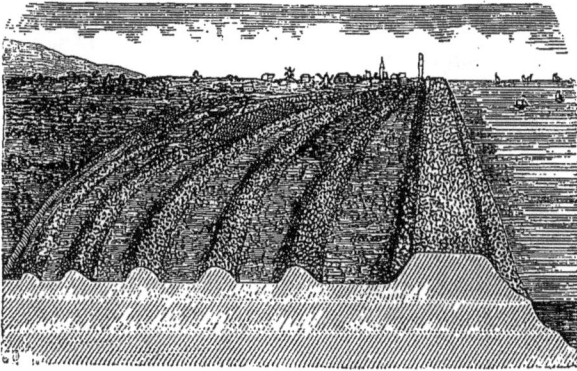

Fig. 4. — Cordons de galets parallèles les uns aux autres et à la mer, sur les
côtes de la Manche.

poussière blanche se dépose en couches superposées et
des dragages récemment exécutés dans les grandes profondeurs de l'Atlantique y ont fait surprendre l'édification actuelle de sédiments crayeux.

L'activité du travail de démolition réalisé par la mer
sur les côtes de la Manche est telle que le contour des
rivages change à chaque instant.

A l'époque de l'équinoxe où les tempêtes sont si fréquentes, on assiste souvent à l'attaque de la côte par les
vagues. Les lames pressées font rapidement succéder

leurs efforts, et, lançant les galets comme autant de
béliers, ils emploient ces projectiles à la désagrégation
du pied de la falaise.

Au bout d'un certain temps, un énorme placage de
craie manquant ainsi de support s'abîme d'une seule
pièce et livre à l'activité de l'eau comme une proie à
dépecer (fig. 5).

Tout le long des côtes de la Manche le travail de
démolition suit si régulièrement son cours qu'on y fait
attention lorsqu'on achète, ou lorsqu'on vend une portion de terrain immédiatement voisine de la mer. Dans
le sud de l'Angleterre on admet légalement que cette

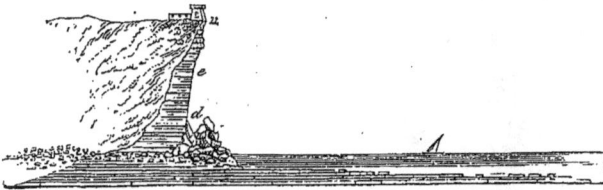

Fig. 5. — Coupe montrant l'action démolissante de la mer sur les falaises qui la
bordent. — e. Couches attaquées directement. — n. Portion restée momentané-
ment en surplomb. — d. Accumulation des produits de démolition.

ablation annuelle est d'environ un mètre ; elle est sensiblement la même en France.

Une conséquence directe de pareils faits c'est que la
Manche s'élargit sans cesse : de 2 mètres par an, de 200
mètres par siècle ; et comme en somme elle n'est pas
très large, on peut concevoir une époque ancienne où,
dans la partie étranglée qui fait face à Calais, elle n'existait pas du tout. D'autres considérations concourent
d'ailleurs avec ce petit calcul pour démontrer que la
France n'a pas toujours été séparée de l'Angleterre et
qu'entre Douvres et Calais il existait un *isthme* véritable.

Creusement des vallées. —La Manche, qui vient de nous

occuper, n'est en définitive qu'une vallée dont le sol est au-dessous du niveau de la mer. Vous avez vu que son creusement est postérieur à l'existence des masses rocheuses qui la bordent à droite et à gauche.

Ceci est le cas de toutes les vallées. Mais les vallées ordinaires n'ont point été creusées par la mer; elles résultent d'une véritable sculpture de la surface du sol par les eaux qui y ruissellent, — ce sont donc des effets particuliers de cette dégradation des roches dont nous traitions tout à l'heure.

Si vous comparez l'un à l'autre les deux flancs d'une

Fig. 6. — Identité de constitution géologique des deux flancs d'une vallée de rivière.

même vallée, sur une même ligne perpendiculaire à la rivière, vous verrez le plus souvent que leur constitution est exactement la même (fig. 6). Les mêmes couches s'y succèdent, dans le même ordre, avec les mêmes caractères. Il en résulte que ces couches se présentent comme si, antérieurement, elles avaient fait continuité au travers de l'espace maintenant vide qui constitue la vallée.

Chaque pluie emportant, comme nous l'avons dit, une quantité considérable de matériaux prélevés sur les flancs de la vallée, il est facile de calculer l'époque où cette vallée n'existait pas encore.

On voit donc que la vallée est l'œuvre de la rivière qui coule en son fond, et des eaux qui ruissellent sur ses flancs.

Il est vrai que si l'on prend l'exemple de vallées très larges comme celle de la Seine à partir de Paris, on peut s'étonner qu'une dépression aussi vaste soit due à un filet d'eau en définitive si petit. Mais il suffit d'examiner l'allure des rivières pour se rendre compte de cette difficulté.

En effet, on ne connaît pas, dans les vallées larges, de rivières coulant en ligne droite; elles décrivent des séries de courbes connues sous le nom de *méandres* et qui changent constamment de place — si les hommes ne s'y opposent pas par des quais ou des travaux de canalisation.

Le déplacement des méandres est très facile à étudier et présente beaucoup d'intérêt.

Il suffit de jeter des corps flottants tels que des bouchons ou des morceaux de bois sur une rivière pour reconnaître que tous les filets d'eau ne courent pas également vite. Dans les rares portions où la rivière est à peu près rectiligne la plus grande vitesse est au milieu, mais aux tournants elle se rapproche toujours du bord qui est le plus loin du centre de la courbe. Il en résulte que ce bord, appelé concave, frappé par de l'eau rapide, se démolit et recule. Le bord d'en face, dit convexe, baigné par de l'eau relativement calme, reçoit à chaque instant de nouveaux dépôts et avance véritablement dans le cours d'eau. Celui-ci se déplace donc, et quand on suit de très près le phénomène, on reconnaît que tous les points du fond de la vallée sont successivement *remaniés* par la rivière.

Le mécanisme dont il s'agit donne lieu parfois à un changement complet dans le cours de la rivière. Par suite de l'érosion progressive des courbes concaves on observe que deux anses successives se rapprochent de plus en plus l'une de l'autre de façon à ne laisser entre elles qu'un isthme à chaque instant rétréci. C'est ce que montre par exemple la boucle de la Marne près de Paris (fig. 9).

Il arrive un moment où l'isthme lui-même se rompt et

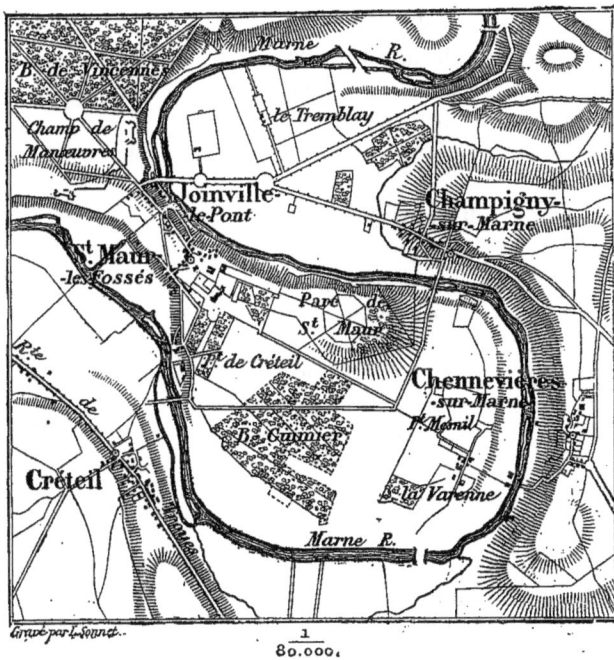

Fig. 7. — La boucle de la Marne près Paris.

l'eau se précipite par le nouveau canal en abandonnant dans la boucle de l'eau morte qui ne tarde pas à être séparée de la rivière par deux barrages naturels. Il en résulte un accident fort fréquent en certains pays et qui sur les bords du Mississipi, où il se rencontre à chaque pas, porte le nom de *fausse rivière*.

Pour être moins développé dans les régions que nous

habitons, le phénomène n'y est pas moins extrêmement net, et sur les bords du Rhin par exemple, on voit des vestiges très nets d'anciennes berges appartenant à des fausses rivières. La figure que voici reproduit la disposition d'une fausse rivière bien caractérisée sur la Seine, aux environs de Noyen (fig. 8).

Dépôts de sable, de vase. — Dans les explications qui précèdent nous avons montré que les matériaux arrachés par la mer à ses falaises, par les rivières à leurs berges ou par les eaux sauvages à la surface du sol, vont s'accumuler en certains points du fond des océans ou du lit des cours d'eau.

Le dépôt des sables et des limons ou vases joue un rôle de première importance dans l'histoire de la terre. Déjà il a fallu à propos de la Manche faire remarquer que le produit de la trituration des falaises de craie est soumis à un véritable triage. Les galets sont disposés en forme de cordon le long du bassin marin. Derrière eux le sable de plus en plus fin forme des plages ; et il faut sonder en pleine mer pour trouver de la vase proprement dite.

Un pareil triage est partout réalisé par l'eau. L'un des premiers effets des fortes pluies est de faire apparaître des cailloux à la surface du sol, et cela, loin de justifier le préjugé d'après lequel les pierres se produisent dans la terre, provient tout simplement de ce que les matériaux ténus qui enveloppaient les cailloux et qui les masquaient ont été entraînés. Le long des pentes on voit de même que les sables sont charriés à des distances réglées par la grosseur de leurs grains.

Dans les rivières les mêmes triages donnent lieu à des effets très variés. A la suite des crues, l'eau étant plus rapide a plus de force de charriage et elle édifie des *bancs de sable ;* autrement dit, elle accumule en certains points de son lit des cailloux qui parfois se décou-

vrent quand les eaux baissent. Dans ces bancs on reconnaît que les plus gros matériaux sont situés à la tête,
c'est-à-dire à l'amont, et les plus fins à l'arrière ou à
l'aval. Avec les plus gros se trouvent les plus denses
et en première ligne les *pépites d'or* que les laveurs d'or
ou *orpailleurs* savent si parfaitement recueillir.

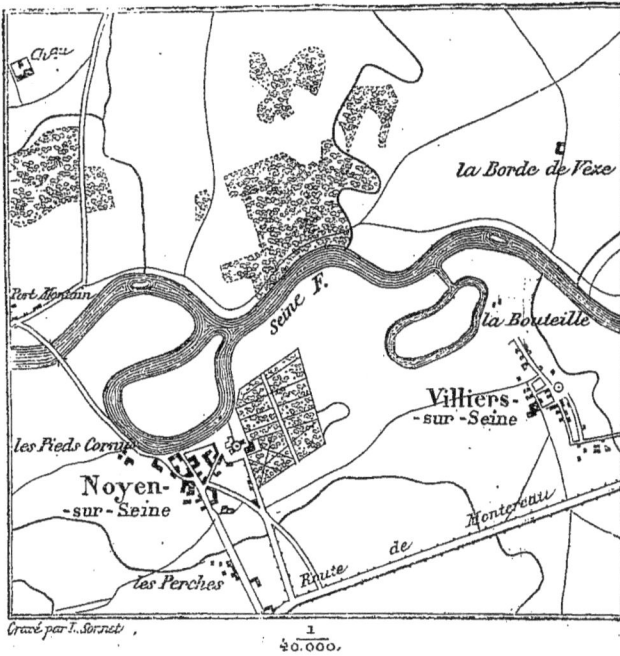

Fig. 8. — Fausse rivière près de Noyen-sur-Seine (Seine-et-Marne).

Ces bancs se produisent là où par une cause quelcon-
que la rivière perd de sa vitesse, parce qu'en même temps
elle perd la force nécessaire pour tenir en suspension les
matériaux qu'elle charriait. Ainsi il suffit de planter un
pieu au milieu d'un cours d'eau pour que derrière ce
pieu un banc commence à s'édifier. Un banc commencé

est nécessairement l'origine et le point de départ d'accroissements ultérieurs qui peuvent être tels que le banc devienne une île.

C'est pour la même raison que les îles sont rarement seules dans les rivières et qu'elles ont une tendance manifeste à se disposer en séries. Chaque île, par les retards qu'elle imprime à l'eau, devient une cause déterminante de la formation d'une autre île au-dessous d'elle.

Les exemples de séries d'îles abondent. Il suffit de citer ici les quatre îles, maintenant et artificiellement réduites à deux, qui existaient au cœur de Paris : île Louvier, île Saint-Louis, Cité et terre-plein du Pont-Neuf.

Formation des deltas. — Malgré la production des bancs et des îles une très notable partie des *troubles* charriés par les fleuves arrivent jusqu'à la mer. Le changement de régime qu'ils subissent alors par suite de la destruction du courant détermine leur dépôt, et il se fait une sorte de banc de forme plus ou moins triangulaire et qu'on appelle un delta à cause de sa ressemblance avec le Δ grec.

Tous les fleuves ne construisent pas des deltas, mais certains d'entre eux en édifient d'énormes. En France il faut à ce point de vue citer le Rhône d'une manière toute particulière.

Le delta du Nil est peut-être le plus célèbre de tous les deltas. Il a 22,000 kilomètres carrés et s'accroît régulièrement chaque année de 1 mètre en largeur. On a conclu de ces chiffres qu'il a nécessité 74,000 années pour parvenir à son état actuel.

Malgré ses dimensions, il est d'ailleurs bien loin d'égaler le delta du Mississipi qui se prolonge dans le golfe du Mexique jusqu'à 100 kilomètres des côtes (fig. 9).

Glaciers. — Parmi les agents de démolition des roches il convient de citer tout spécialement les glaciers. Ce sont, comme vous le savez déjà, d'énormes accumulations

d'eau congelée qui remplissent les vallées des hautes
montagnes telles que les Alpes et les Pyrénées.

Vers les sommets les glaciers sont représentés par des
champs de neige, mais à mesure qu'on descend leur cours
on voit la neige changer d'aspect. D'abord très fine et
très légère, elle s'agglutine en grains de plus en plus gros
et durs et prend le nom de *névé*. Plus bas le névé passe
à une *glace bulleuse* et inégale. Enfin vers les régions tout

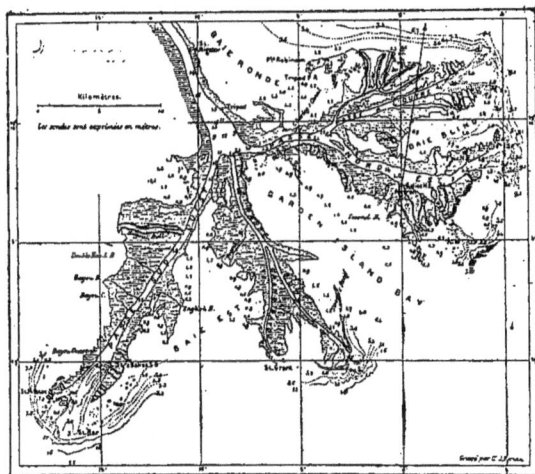

Fig. 9. — Delta du Mississipi.

à fait inférieures, le glacier est entièrement composé de
glace compacte, remarquable par sa pureté et par la belle
nuance bleue de certaines de ses parties.

La surface du glacier est loin d'être lisse. La glace y est
au contraire toute raboteuse et en maints endroits recoupée de *crevasses* larges et profondes. On y observe en
outre d'innombrables blocs rocheux tombés des crêtes
qui bordent le glacier à droite et à gauche. Des filets

d'eau et de véritables ruisseaux coulent de toutes parts, pénètrent dans l'épaisseur de la glace à la faveur de cavi-tés plus ou moins verticales connues sous le nom de *moulins*.

Un trait caractéristique des glaciers est d'être, mal-gré la première apparence, doués d'un mouvement de progression dans le sens de la vallée. Ils s'écoulent lentement à la manière de fleuves véritables, et c'est leur progression qui explique les particularités qui viennent d'être mentionnées.

Tout d'abord il faut remarquer que la cause du mou-vement des glaciers est double : dans le haut, la neige et le névé exercent une pression qui tend à déterminer l'é-coulement ; et dans le bas la fusion de la tête du glacier, en lui supprimant son point d'appui, concourt exacte-ment au même effet.

Comme vous pensez, le déplacement de cette masse énorme, longue souvent de 10 kilomètres avec 20 mètres d'épaisseur moyenne, ne se fait pas sans des tiraille-ments formidables. Le glacier en progressant gémit et les superstitieux montagnards, effrayés par cette grande voix, n'ont pas hésité depuis bien longtemps à lui supposer une âme.

Là où la vallée s'élargit, le glacier s'étale ; là où elle se rétrécit il augmente de hauteur et se resserre. Si le fond rocheux se relève, la glace subit un refoulement qui en fronce la surface ; et si le fond s'abîme tout à coup, le glacier se courbe sur lui-même et se crevasse en tra-vers. Des géologues ont à diverses reprises assisté à l'ouverture de crevasses ; elles s'accompagnent de déto-nations épouvantables.

A première vue il peut sembler incroyable qu'une ma-tière aussi fragile que la glace puisse s'écrouler dans une vallée à la manière d'une pâte. Mais vous savez déjà qu'elle le doit à sa curieuse propriété de fondre sous l'ef-

fet de la pression comme sous celui de la chaleur. Le
liquide produit par cette fusion momentanée se regelant
aussitôt, la masse de glace peut, par la compression,
changer à chaque instant de forme sans cesser pour cela
d'être continue.

Le frottement du glacier contre les roches qui constituent le fond et les flancs de la vallée détermine tout na-
turellement l'usûre de celles-ci. Toutes leurs aspérités sont
promptement émoussées, on n'y voit plus d'angles aigus
et leurs formes sont doucement arrondies (fig. 10). Leur

Fig. 10. — Roches arrondies et polies par le passage d'un glacier.

surface est en même temps si exactement polie qu'il est
difficile d'y marcher sans glisser et qu'il faut redoubler
d'attention pour n'y point tomber.

En regardant de plus près on reconnaît que ces roches
sont recouvertes de lignes très fines, creusées à la manière
de stries et groupées en faisceaux parallèles. Leur longueur est variable et les divers faisceaux s'entre-croisent
sous des directions quelconques. L'origine des stries
est due au frottement de galets pincés entre le glacier et
la roche et qui agissent sur celle-ci comme le burin du
lapidaire agit sur une agate.

Il va sans dire qu'en même temps qu'ils strient, les galets sont striés eux-mêmes, et on peut à ce caractère reconnaître les cailloux de glaciers et les distinguer des pierres roulées par la mer et par les cours d'eau. Bien plus, un galet glaciaire strié perd ses stries très rapidement par le frottement dans une rivière ou dans la mer.

L'usure des roches au voisinage des glaciers donne lieu à un limon plus ou moins fin que l'on connaît sous le nom de *boue glaciaire*.

Moraines. — Nous avons dit que la surface des glaciers supporte un très grand nombre de fragments rocheux provenant des sommets de droite et de gauche dont ils ont été séparés par les agents de dégradation. Portés par le glacier, ces matériaux participent au mouvement général de celui-ci et ils finissent par arriver à son extrémité où ils s'accumulent sous la forme d'un véritable rempart. Ce rempart, parfois énorme, porte le nom de *moraine*.

La moraine qui existe à l'extrémité d'un glacier s'appelle *terminale* ou *frontale* ; elle ne comprend pas toutes les pierres charriées par le glacier. Un bon nombre de celles-ci sont en effet rejetées à droite et à gauche, et composent une sorte de muraille tout le long du glacier. Ce sont les *moraines latérales*.

De même que les rivières, les glaciers peuvent se jeter les uns dans les autres. Au confluent, la moraine de droite d'un des glaciers vient rencontrer la moraine de gauche de l'autre, et leur ensemble se trouve précisément au milieu de la largeur du glacier résultant. Il en résulte pour celui-ci une *moraine médiane*, et si plus bas un nouvel affluent se présente, une seconde moraine médiane s'établira parallèlement à la première. Certains glaciers ont ainsi un grand nombre de moraines médianes, toujours égal à celui de leurs affluents.

Ce n'est pas seulement la position première d'un bloc

sur le glacier qui le fait arriver à l'une ou à l'autre des
moraines ; ses qualités propres y contribuent quelquefois.
Si en effet le bloc considéré est une large table de roche
blanchâtre ou de couleur claire, on le verra, quelle que
soit la direction du glacier, se diriger vers le sud de façon à
prendre finalement sa place dans la moraine qui sera de
ce côté-là, et même parfois à remonter plus ou moins la
pente générale de la vallée. Grâce à sa forme, un bloc pareil,
en effet, constitue pour la glace
qu'il recouvre un écran protec-
teur vis-à-vis de la chaleur solaire. Les régions voisines fon-
dent, mais la glace recouverte
se maintient. Il en résulte que
peu à peu la dalle restant au
niveau primitif, et les points
voisins s'abaissant par fusion,
cette dalle se trouve portée
par une sorte de piédestal de
glace. On dit alors qu'il s'est produit un *champignon* de
glacier (fig. 11).

Fig. 11. — Un champignon
de glacier.

Le champignon s'accroît jusqu'à ce que les rayons di-
rects du soleil puissent venir frapper la base de son pied ;
celui-ci se brise alors, et comme la fusion est nécessairement plus forte au sud, c'est de ce côté-là que se précipite
le bloc rocheux.

Si, au lieu de réfléchir la chaleur solaire, le corps situé
sur le glacier l'absorbe, il devient à l'inverse une cause de
fusion pour la glace qui le porte et pénètre peu à peu dans
sa masse. C'est ce qui a lieu pour les petits objets de couleur sombre tels que les insectes et les débris humains
provenant des voyageurs victimes des avalanches. Une
fois enchâssés dans la glace, ces objets progressent
comme le glacier et ils finissent par aboutir à l'une des
moraines.

Blocs erratiques. — Certains glaciers aboutissent à la mer; c'est ce qui arrive fréquemment dans les régions circumpolaires. Dans ce cas les blocs rocheux charriés par le glacier en arrivant à son front subissent une destinée spéciale. Tantôt ils tombent dans la mer là où finit la glace, de façon à constituer une *moraine sous-marine;* tantôt, fixés à des quartiers de glace flottante, ils sont avec eux entraînés par les courants vers des océans moins froids. La fusion de leur support détermine leur chute

Fig. 12. — Un bloc erratique.

plus ou moins loin et ils édifient au fond de la mer des traînées de blocs erratiques.

Les glaces entraînées par les cours d'eau donnent lieu, sur une échelle moins grande, à un phénomène tout pareil, et c'est ainsi que le long de la Seine on trouve, jusqu'à Paris, des fragments granitiques arrachés au massif du Morvan, et que les glaçons d'hiver ont transportés jusqu'au point de leur fusion.

Enfin certains blocs erratiques (fig. 12) témoignent de l'existence de grands glaciers dans des régions où il n'en existe plus maintenant. C'est ainsi que l'on observe d'é-normes fragments de granit originaires des Alpes, sur des sommets du Jura, et que tout le nord de la Prusse est parsemé de quartiers de roches abandonnés par la péninsule scandinave.

Dunes. — Les dunes doivent également être mentionnées comme des produits de la démolition des roches et du charriage de leurs éléments. Seulement ici l'agent du déplacement n'est plus l'eau comme précédemment, mais le vent.

En effet, les dunes sont des cordons de collines sableuses bordant la mer en certains points de son littoral : et on pourrait les prendre pour des collines ordinaires si, à l'inverse de celles-ci, elles ne se déplaçaient pas. On s'assure aisément que c'est le vent qui les pousse.

Il va sans dire que le vent ne les déplace pas tout d'une pièce, comme il pousse une barque à la surface de l'eau. Mais il soulève le sable qui est d'un côté de la dune et le transporte jusqu'au sommet, de façon à le faire ébouler de l'autre côté. C'est un peu comme si toute la colline roulait autour d'un axe perpendiculaire à la direction du vent.

Le vent d'ailleurs ne se borne pas à déplacer les dunes, il les produit, et cela en accumulant en certains points le sable déposé par la mer ; dès que le cordon sableux a commencé à prendre un peu de relief, il s'accroît avec une rapidité surprenante.

Le mouvement des dunes est lent mais régulier, et pendant très longtemps il a constitué l'un des plus grands fléaux qui se soient attaqués à l'homme. Sous la marée montante du sable mouvant, tout est détruit, la terre propre aux récoltes est stérilisée, les pâturages sont tués, les étangs sont comblés, les villages eux-mêmes sont ensevelis. Aux environs de Saint-Pol de Léon, en Basse-Bretagne, on voyait naguère le clocher de l'église

qui seul attestait, en sortant du sable, l'existence ancienne d'un village florissant, détruit vers 1670.

Aussi doit-on ranger parmi les bienfaiteurs de l'huma-
nité l'ingénieur français Brémontier, qui à la fin du
siècle dernier a trouvé le moyen d'arrêter les dunes ;
d'autant plus que ce moyen, préservatif de la ruine,
consiste à mettre en valeur la dune elle-même. Brémontier a fait cette grande découverte que certain conifère,
le *pin maritime*, jouit de la propriété de vivre et de.pros-
pérer quand on le plante dans le sable des dunes. Sa présence empêche immédiatement la progression du sable,
car pendant que ses racines maintiennent le sol, ses bran-
chages coupent le vent.

Aujourd'hui les plantations de pin sont une source
d'immense richesse pour des contrées naguère stériles.
On n'abat pas ces arbres dont l'existence est si précieuse,
mais on soutire leur résine à l'aide d'incisions qui laissent
écouler cette substance dans de petits godets fixés au
pied du tronc. Dans les Landes, par exemple aux environs
de Morcenx, le paysage est tout à fait caractéristique, car
ce n'est pas partout qu'on rencontre de vastes forêts toutes formées d'arbres magnifiques presque sans broussail-
les et dont chacun, balafré verticalement sur deux mètres de longueur, est pourvu de son petit godet.

CHAPITRE III

MODIFICATIONS DU SOL PAR L'ACTION DES AGENTS SITUÉS DANS LA PROFONDEUR DE LA TERRE.

Dans ce qui précède nous avons passé en revue des causes de modifications du sol dont le siège réside dans les régions externes de la terre. Il en est d'autres qui émanent des profondeurs. Les unes apportent à la surface des matériaux élaborés dans les régions souterraines, les autres déterminent simplement le déplacement relatif de certaines portions de l'écorce terrestre.

Dans la première catégorie se placent les sources thermales et les volcans.

Les tremblements de terre, les failles, les soulèvements et affaissements lents sont des effets dépendant des causes de la seconde catégorie.

Sources thermales ; leurs dépôts. — Tandis que les sources ordinaires sont réputées pour la fraîcheur de leurs eaux, il en est que signale leur température plus ou moins élevée. Parfois cette chaleur *propre* n'est pas très considérable, mais on peut citer beaucoup de points où l'eau sort de la terre à une température voisine de celle de l'ébullition, et les intermédiaires sont ménagés de la manière la plus continue entre ces deux extrêmes.

Quand les sources sont franchement chaudes on les recherche comme utiles à la guérison de beaucoup de maladies, et les villes d'eaux, comme Plombières, Mont-

Dore, Barèges, Bagnères, Carlsbad, Spa, Aix, etc., etc., sont toutes établies sur des sources thermales.

Vous savez que la chaleur aide beaucoup à l'action dissolvante des liquides sur les solides, et que plusieurs parmi ces derniers deviennent solubles, d'insolubles qu'ils étaient, lorsque la température s'élève. Il résulte de là que, dans les profondeurs du sol, les eaux thermales ont une activité de dissolution que ne possède pas l'eau froide. Aussi, en arrivant au jour, dans les régions où elles se refroidissent et où par conséquent leur énergie dissolvante diminue, donnent-elles ordinairement lieu à des dépôts plus ou moins volumineux.

Le plus souvent, la matière déposée est du calcaire, et l'on ne peut en citer d'exemple plus curieux que celui d'Hamman Meskoutine près de Constantine en Algérie.

Dans cette localité étrange, les concrétions s'accumulent autour des orifices de nombreuses sources chauffées à 95°, elles affectent la forme d'un cône et s'élèvent successivement jusqu'à une hauteur de 10 mètres. En même temps elles obstruent progressivement le canal de sortie des eaux et il arrive un moment où la source tarit. L'eau ne tarde pas à se frayer un nouveau passage vers le jour et la concrétion commence à s'accumuler en un nouveau point. C'est par ce mécanisme que se sont édifiés les uns après les autres les nombreux cônes éblouissants de blancheur dont la terre est couverte dans cette curieuse région.

Bien d'autres pays montrent des phénomènes du même genre et rien ne surpasse l'impression qu'on éprouve aux environs de Smyrne, en présence des sources de Panbouk-Kelessi. Ce nom, littéralement *château du coton*, exprime bien l'aspect de l'énorme escarpement de 100 mètres de hauteur sur 4 kilomètres de large, formé de concrétions mamelonnées de calcaire blanc, que déposent depuis des siècles les cascades qui en ruissellent.

Dans certaines localités, des eaux chaudes déposent de

la silice. C'est le cas en Islande, en Nouvelle-Zélande, dans l'ouest des États-Unis, où existent des *geysers* (fig. 13).

A Lamalou, près de Montpellier, une eau thermale précipite du sulfate de baryte ou barytine.

Fig. 13. — Geyser de Yellow-stone.

A Plombières (Vosges) on remarque que les fentes ouvertes dans le granit, qui livrent passage aux eaux chaudes, sont tapissées de fluorine.

Origine des filons métallifères. — Les sources thermales,

2.

grâce aux dépôts auxquels elles donnent naissance, paraissent éclairer très vivement l'origine des filons métallifères. En effet, les substances que nous venons de citer : calcaire, silice, barytine, fluorine, sont précisément les gangues ordinaires de ces filons, et il suffit de supposer que ces substances incrustent des fissures du sol, ou *failles*, pour qu'on soit en présence de véritables filons.

On a reconnu en outre que les sources thermales peuvent déposer des minéraux métalliques ; et c'est ainsi que les incrustations calcaires d'Hammam-Meskoustine présentent souvent des nodules de vraie pyrite de fer.

Toutefois, les observations en ce genre sont fort difficiles. Il est manifeste, en effet, qu'au moment de leur arrivée au jour, les sources chaudes ont déjà perdu la plus grande partie de leur énergie chimique et que, par conséquent, elles ont dû déjà se débarrasser des matériaux filoniens qu'elles tenaient en dissolution. Il faudrait pouvoir pénétrer profondément dans leurs canaux d'ascension pour les voir véritablement à l'œuvre, et nous ne pouvons rien espérer de plus que de réunir des indices dans cette voie.

Parmi ceux-ci il faut mentionner comme particulièrement clair ce fait que certaines sources sortent précisément de filons non complètement incrustés.

Volcans. — A beaucoup d'égards, les volcans doivent être considérés comme une forme spéciale des sources thermales.

Tout d'abord, il faut vous rappeler que le produit le plus abondant de leurs éruptions consiste en vapeur d'eau.

En second lieu, les volcans sont reliés aux sources chaudes par de nombreux intermédiaires qui ménagent une transition insensible. Du nombre sont les *soffioni* ou jets de vapeur à plus de 100 degrés, et les geysers déjà cités où l'eau liquide et bouillante est mêlée à une grande quantité de vapeur.

Les volcans modifient le sol de diverses manières.

Tout d'abord ils en changent le relief, puisque le premier effet de l'éruption est d'édifier une montagne. Un exemple tout à fait remarquable à cet égard est fourni par le Jorullo au Mexique.

A l'endroit où ce volcan s'élève aujourd'hui de 510 mètres, il y avait, jusqu'au 28 septembre 1759, un bois épais de goyaviers fort aimés des indigènes pour la douceur de leurs fruits. Dans la nuit, des bruits épouvantables ébranlèrent les profondeurs souterraines, l'air se remplit de cendres, et de l'eau boueuse se fit jour de divers côtés. Le lendemain on vit la surface du sol se dresser perpendiculairement; toute la plaine se tuméfia et forma des vessies de forme conique qui ne tardèrent pas à crever et vomirent des torrents de lave bouillonnante.

En second lieu, les éruptions volcaniques modifient la nature du sol; les coulées de lave et les cendres recouvrent en effet la terre, sur une surface plus ou moins grande, de matériaux tout différents de ceux qui constituaient primitivement le sol.

Dans certains cas, les coulées ou les cendres sont venues recouvrir des villes; et c'est ainsi que Pompéi et Herculanum ont été ensevelis au commencement de notre ère.

En même temps, des champs fertiles sont remplacés par des régions impropres à toutes cultures. Par exemple, en Auvergne, on voit à l'instant le contraste, au point de vue de la production agricole, des terrains calcaires de la Limagne et des coulées volcaniques, qui en certains points s'y sont superposées.

La Limagne compte parmi les régions les plus fertiles de toute la France. Quant aux coulées que les habitants du pays connaissent bien sous le nom de *cheires* (fig. 14), elles offrent le spectacle du désert le plus désolé. Ce ne sont que blocs pierreux accumulés ne permettant qu'à de maigres plantes, bruyères, fougères, ajoncs, etc., de pousser dans leurs interstices.

Enfin, les éruptions volcaniques sont accompagnées d'émanations dont plusieurs ont sur la surface une influence directe. Ainsi les acides sulfurique et chlorhydrique attaquent certaines roches qui prennent des carac-

Fig. 14. — La grande Cheire ; coulée du Puy-de-Come, en Auvergne.

tères tout nouveaux. Le premier, réagissant sur des roches schisteuses, donne naissance à du sulfate d'alumine qu'on exploite avec fruit en Italie, par exemple, pour la fabrication de l'alun.

Origine des filons de roches. — Les phénomènes volcaniques nous dévoilent l'origine des filons de roches.

L'allure de ceux-ci, même étudiés dans les détails les plus intimes, est en effet identique à celle des éruptions de lave. Aussi est-il impossible de ne pas croire que les filons de roches ne soient sortis des profondeurs comme les laves elles-mêmes. On ne constate pas, il est vrai, d'appareil volcanique proprement dit autour des points d'où sont sorties les roches anciennes, mais, outre que le détail du mécanisme peut avoir été différent dans les anciennes périodes de ce qu'il est aujourd'hui, il faut reconnaître que les cônes de scories sont essentiellement altérables par les agents de destruction des roches et ne sauraient persister pendant de longues durées.

L'identité observée entre le gisement des laves et celui des filons de roches a fait donner aux roches en filons le nom de roches éruptives, sous lequel elles sont très souvent désignées.

Métamorphisme de contact. — Il est un autre caractère qui se joint aux précédents pour faire reconnaître la nature éruptive des roches en filons. Il concerne les modifications que ces roches ont fait éprouver aux masses au travers desquelles elles sont intercalées. Auprès d'elles, en effet, les calcaires sont transformés en marbre, les argiles en terre cuite, les grès en quartzite.

On constate en effet que les mêmes transformations sont infligées aux roches par les laves qui s'écoulent à leur contact. C'est ainsi que les blocs de calcaire empâtés dans les laves du Vésuve à la Somma, de grossiers qu'ils étaient, sont devenus cristallins et se sont remplis de minéraux précieux. Dans la Haute-Loire, les laves ont de même transformé l'argile en une substance voisine de la porcelaine et qui s'est débitée par retrait en petites colonnades prismatiques.

Ces diverses modifications produites par la chaleur des roches éruptives ou des laves constituent le *métamorphisme de contact.*

Soulèvements et affaissements lents. — Une preuve particulièrement éloquente d'un foyer d'activité souterraine consiste dans la mobilité de l'écorce terrestre, qui cède manifestement à des efforts intérieurs pour se soulever en certains points et pour s'affaisser en d'autres.

Aucune cause n'est d'ailleurs plus efficace pour modifier la surface du sol, car la ligne des rivages dépend avant tout de la hauteur de la terre ferme par rapport au niveau de la mer, et il suffit d'une différence verticale de quelques mètres, pour que d'énormes surfaces de pays soient ou non submergées.

C'est sur le littoral de la Suède que le mouvement relatif de la terre ferme et de la mer a été constaté pour la première fois, et c'est à Celsius et à Linné qu'on doit d'avoir fait en 1730 les premières déterminations exactes à ce sujet. On sait maintenant que le fond du golfe de Bothnie se soulève et que la Scanie s'affaisse.

Depuis lors on a reconnu que le fait est loin de se trouver localisé en Suède : les côtes du Chili s'élèvent vers le Nord et s'affaissent vers le Sud.

En France même, on peut s'assurer que le littoral breton de l'océan Atlantique s'élève, tandis que les côtes de la Manche subissent un mouvement fort net d'affaissement, etc.

La cause de ces *bossellements généraux* réside dans l'extraordinaire minceur de la coque solide de la terre. C'est comme l'enveloppe d'un gigantesque ballon renfermant des fluides divers, les uns liquides et d'autres gazeux.

Tremblements de terre. — Les tremblements de terre dérivent, comme les soulèvements et les affaissements lents du sol, de la mobilité de l'écorce terrestre. Ils représentent des ruptures brusques dans l'équilibre de la surface et ils sont caractérisés par des trépidations qui, lorsqu'elles sont suffisamment énergiques, déterminent de véritables désastres.

Malgré l'intensité des effets des tremblements de terre, on ne peut qu'exceptionnellement les compter parmi les agents de modification de la surface du sol. Après la crise et sauf les ruines produites, les choses reprennent leur état antérieur.

On cite cependant quelques cas où des tremblements

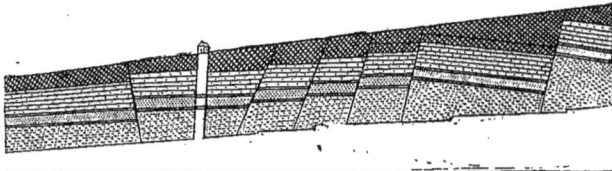

Fig. 15. — Disposition de failles au travers de terrains stratifiés ; rejets qu'elles déterminent.

de terre paraissent avoir ouvert des ɩailles. L'exemple le plus net à cet égard a été noté dans le détroit de Cook (Nouvelle-Zélande) en 1855.

Failles. — Les *failles* sont de grandes fêlures de l'écorce terrestre se prolongeant jusqu'à des profondeurs inconnues. Elles ont souvent des dizaines de kilomètres de

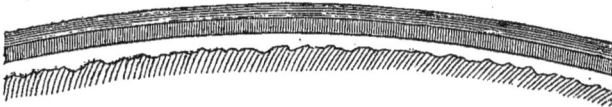

Fig. 16. — Disposition primitive de l'écorce terrestre, avant les premières dénivellations.

longueur, mais leur épaisseur souvent comparable à celle d'une feuille de papier est toujours très faible (fig. 15).

C'est par les failles que sortent les eaux des sources thermales et les émanations des volcans. Les filons métallifères sont des failles incrustées par les dépôts d'anciennes sources.

La conclusion de ces différents faits paraît certaine :

la portion solide de la terre, très mobile et placée au-
dessus d'un réservoir dont la température est très considérable, a la forme d'une *coque très mince*, d'une écorce
bien moins épaisse, toute proportion gardée, que la
coquille d'un œuf.

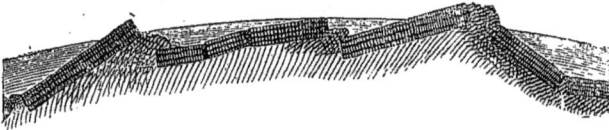

Fig. 17. — Disposition actuelle de l'écorce terrestre, dérangée de sa situation
initiale, par les failles et les dénivellations qui les ont suivies.

Originairement, cette écorce pouvait être horizontale,
comme le montre la figure 16; mais l'ouverture des
failles y a déterminé des dénivellations variées (fig. 17)
dont les principales constituent les chaînes de montagnes.

DEUXIÈME PARTIE

NOTIONS SUR LES PRINCIPALES
ROCHES; LES PRINCIPAUX TERRAINS ET LES
PRINCIPALES PÉRIODES GÉOLOGIQUES.

En soumettant la terre à une étude minutieuse on y a découvert des caractères permettant de reconstituer son histoire. Il est désormais admis par tout le monde qu'à l'origine c'était une gigantesque bulle gazeuse tournant lentement sur elle-même et qui s'est refroidie peu à peu au contact de l'espace céleste.

Les effets du refroidissement ont été d'abord une diminution progressive du volume de la masse et une accélération de son mouvement de rotation ; puis la condensation de ses éléments les moins volatils. Ceux-ci, en se concrétant sous la forme d'une coque sphérique fermée de toutes parts, ont établi une séparation entre l'atmosphère primitive de la terre et les masses lourdes et extrêmement chaudes accumulées dans les régions internes.

Par suite des progrès du refroidissement, l'atmosphère a laissé tomber sur cette coque primitive, et d'une manière successive, une foule de substances de plus en plus volatiles. Parmi celles-ci figure l'eau qui a constitué les premiers océans et qui a réagi d'une manière spéciale sur les matériaux solides de l'enveloppe initiale.

C'est de ces réactions, d'ailleurs imparfaitement connues, comme vous pensez bien, que sont résultées les roches qui forment le support commun de toutes les autres et qui, ayant été produites par des actions calorifiques internes, ont mérité le nom de roches ignées fondamentales.

Roches ignées fondamentales. — La plus remarquable de ces roches à cause de son extrême abondance et de sa présence dans les contrées les plus diverses est le granit que vous connaissez déjà et qui, comme vous l'avez vu antérieurement, résulte du mélange de trois minéraux cristallisés : le quartz, le feldspath et le mica.

Le granit proprement dit est d'une structure grenue uniforme et c'est même de là que vient son nom, granit dérivant de l'italien *granito* qui signifie *petit grain*.

Il n'a cependant pas toujours cette structure et on le voit très souvent, par suite de l'alignement régulier des paillettes de mica, prendre un véritable feuilleté. On le nomme alors *gneiss*, d'un mot allemand devenu français.

Sur l'assise fondamentale de granit et de gneiss se présentent d'énormes accumulations de roches encore

Fig. 18. — Profil en travers d'une chaîne de montagne, dans les terrains schisteux. Production des *aiguilles.*

plus feuilletées que le gneiss et qui donnent à certaines montagnes, telles que les Alpes et les Pyrénées, un aspect déchiqueté tout à fait spécial (fig. 18) auquel répondent les expressions consacrées, d'*aiguilles*, de *dents*, de *serres* (*sierra* en espagnol, qui signifie *scie*).

Parmi ces roches feuilletées extrêmement abondantes il faut signaler deux types tout à fait principaux :

Le *micaschiste* qui ne diffère guère du gneiss que par une proportion beaucoup plus grande encore de mica ;

Le *talcschiste* dans lequel le mica est remplacé par le talc.

Ces roches prennent progressivement un grain de plus en plus fin et se rapprochent ainsi, par des transitions insensibles, des terrains stratifiés proprement dits.

Roches stratifiées ou de sédiment. — La plus grande partie de la région superficielle de l'écorce terrestre est constituée par ces terrains dont nous avons déjà étudié les caractères généraux et qu'on nomme *stratifiés* à cause de leur allure, et *sédimentaires* à cause de leur origine.

On a la preuve, en effet, que ces terrains représentent les dépôts de la mer depuis des époques extrêmement reculées jusqu'à nos jours. Vous savez que ces terrains se sont successivement empilés les uns sur les autres de telle sorte que les plus anciens sont les plus profondément situés, à moins que quelque mouvement postérieur ne soit venu modifier leur disposition normale.

Roches ignées intercalées. — Au travers de l'ensemble des terrains précédents, fondamentaux ou sédimentaires, se sont fait jour, des régions profondes vers la surface, une série de roches disposées sous la forme de murailles souterraines. On les appelle *intercalées* pour cette raison, et leur analogie d'allure avec les laves des volcans a démontré, comme nous le disions tout à l'heure, qu'elles représentent des produits ignés ayant fait véritablement éruption.

Ces roches sont très variées. Les plus répandues sont : le *porphyre*, le *trachyte*, le *basalte*, la *dolérite*, le *diorite*, la *serpentine*.

Le *porphyre* tire son nom d'un mot grec qui signifie pourpre et en effet, une roche magnifique caractérisée par sa nuance rouge et recherchée avec avidité par les anciens pour en faire des sculptures, peut être prise comme le type du porphyre. Cependant ce type est tout à fait exceptionnel et en général le porphyre, malgré son nom n'est pas rouge. Ce qui le caractérise en effet, ce n'est pas sa couleur, mais sa composition et sa structure. Au point de vue de la composition c'est du feldspath semblable à celui du granit, mélangé quelquefois de grains cristallisés de quartz ; — au point de vue de la structure, c'est une *pâte* de feldspath où sont disséminés des cristaux de la même substance. Cette disposition dont peut donner l'idée l'aspect d'une tranche de mortadelle ou de saucisson est tellement caractéristique qu'on lui donne le nom de *structur porphyrique*. La structure *porphyroïde* souvent mentionnée dans les roches en est comme un diminutif : ici les grands cristaux ne sont plus disséminés dans une *pâte* proprement dite mais dans une masse finement cristalline. Les porphyres forment des filons, des mamelons coniques comme au mont Uzor (Haute-Loire), de grandes nappes souvent débitées en colonnades comme dans le département du Var. Ils offrent parfois une contexture de poudingues par exemple à Baden-Baden où leurs escarpements sont extraordinairement pittoresques. Le porphyre constitue la pierre décorative par excellence. Une variété à structure globulaire dite *pyroméride* est fort recherchée.

Le *trachyte* tire son nom de la rudesse de son grain parfaitement comparable à celui du sucre ; c'est une roche généralement grisâtre et parfois tout à fait blanche. Sa composition est très voisine de celle du porphyre et consiste encore en feldspath à peu près pur ; mais le feldspath est ici en cristaux tout fendillés d'un caractère tout spécial, et l'on n'observe plus de *pâte* comme tout à l'heure.

Les trachytes se rencontrent dans les pays volcaniques ; ils constituent du haut en bas les grands cônes des Andes tels que le Cotopaxi, le Chimborazo, le Popocateptl, l'Orizaba, etc. ; dans la France centrale, le Puy-de-Dôme et plusieurs autres montagnes en sont également constititués. Le trachyte passe à certaines laves par des transitions insensibles.

Le *basalte* est souvent associé au trachyte ; mais il en diffère beaucoup par la composition et par l'aspect. Tout d'abord c'est une roche très noire et qui semble compacte à première vue. Cependant en l'étudiant avec plus de soin on constate qu'elle résulte du mélange de divers minéraux dont les plus abondants et les plus constants sont un feldspath, le pyroxène, le fer titané et le péridot. Dans certaines régions du globe le basalte est prodigieusement abondant et fait le sol de pays tout entiers. C'est le cas au Groënland, dans le Dekkan (Inde) et dans l'Afrique australe. On en connaît de volumineuses nappes, en Écosse, en Irlande, en Transylvanie, et plus près de nous en Auvergne. Souvent ces nappes sont débitées en colonnes et c'est à ces colonnes que sont dues la chaussée des géants, dans le comté d'Antrim, les orgues de Murat et d'Espally dans la France centrale. Au Groënland le basalte, lors de son éruption, a amené au jour des blocs de fer métallique parfois très volumineux et qui représentent des échantillons des roches profondes de notre globe.

Sous le nom de *dolérite* on connaît une roche assez voisine du basalte et qui se rencontre avec lui ; sa composition qui consiste presque exclusivement en feldspath et pyroxène est, comme vous voyez, plus simple et il est fréquent que, vu la grosseur de ses éléments, sa couleur au lieu d'être uniforme, soit variée de noir et de blanc. Dans ce cas la dolérite est fort agréable à voir et, comme elle prend très bien le poli, on en fabrique des objets d'ornements. On trouve de la dolérite dans tous les districts volcaniques.

A première vue le *diorite* ressemble beaucoup à la dolérite ; mais le pyroxène y est remplacé par un minéral nettement différent qu'on appelle l'amphibole. Les diorites jouent un rôle important dans la constitution de diverses chaînes de montagnes et spécialement dans celles des Pyrénées où on les connaît sous le nom d'*ophites*. Certaines variétés sont essentiellement décoratives et avant tout celle qu'on appelle *orbiculaire* et qu'on exploite dans l'île de Corse. Les deux éléments minéraux y sont disposés en couches concentriques autour de certains points, et il en résulte, après le polissage, un effet des plus heureux de coloration et de dessin.

La *serpentine* doit son nom à la ressemblance de quelques-unes de ses variétés avec la peau bigarrée des serpents. Elle ne résulte pas, comme les roches précédentes, de l'enchevêtrement de cristaux divers ; elle donne plutôt l'idée d'un composé homogène. La composition de la serpentine est celle d'une silicate hydraté de magnésie renfermant de petites grenailles d'un minéral à éclat métalloïde et qui consiste en oxyde magnétique de fer. Les belles serpentines sont fort recherchées pour la décoration et c'est d'Italie qu'on tire les variétés dites *serpentines nobles*. Sous le nom d'*ophicalce* on recherche un marbre où la serpentine est associée au calcaire.

L'*écume de mer* est un produit de la transformation des serpentines ; et c'est dans de la serpentine décomposée qu'on trouve les diamants au cap de Bonne-Espérance. Une roche serpentineuse est taillée, dans les Alpes, sous forme d'ustensiles variés où l'on fait la cuisine et c'est ce qu'exprime le nom qu'on lui donne de *pierre ollaire* (*olla* en latin signifie marmite).

Utilité des fossiles (animaux et végétaux) *pour caractériser les terrains et les étages*. — On a rappelé plus haut que les différents terrains sédimentaires n'ont pas le même âge. Dans les conditions normales, les plus profonds sont évidemment les plus anciens ; mais des déplacements postérieurs aux dépôts ont très fréquemment

modifié la position originelle des couches, de telle sorte
qu'il n'est pas rare de rencontrer des terrains fort anciens au niveau de la mer actuelle et même au sommet
de très hautes montagnes.

Quand il s'agit de remonter de proche en proche dans
l'histoire de la terre, la superposition relative des couches ne peut donc fournir que des renseignements tout
à fait insuffisants.

Heureusement les strates du sol renferment des vestiges provenant des êtres qui vivaient à l'époque même
du dépôt et qui, sous le nom de fossiles, peuvent caractériser les divers niveaux successifs.

Si vous examiniez, même d'une manière très superficielle, les coquilles contenues dans les diverses couches de nos environs, vous ne tarde-
riez pas à reconnaître qu'à certaines couches
correspondent certains fossiles qu'on cher-
cherait en vain dans les autres.

Ainsi, par exemple, à Meudon, dans la craie
blanche, vous trouverez en abondance le fossile représenté ci-contre (fig. 19) et que l'on
désigne sous le nom de bélemnite, dérivé
d'un mot grec qui signifie javelot et qui est
assez mérité. La bélemnite, sur laquelle nous
aurons à revenir un peu plus loin, n'existe
dans aucune autre couche de nos environs;
dans le calcaire grossier, par exemple, on
n'en trouve jamais. Par contre vous pouvez
recueillir dans ce nouveau terrain le gros

Fig. 19. — Bé-
lemnite de la
craie blan-
che.

coquillage désigné sous le nom de *cérithe gigantesque* et
dont voici le portrait (fig. 20). A l'inverse, ce cérithe fait
absolument défaut dans la craie. Nous pourrions multi-
plier indéfiniment ces exemples.

Il résulte de là que chaque couche est caractérisée
par ses fossiles, ou du moins par certains de ses fossiles,

et en conséquence il suffira de trouver les fossiles en question dans une couche donnée, même isolée, pour savoir la rapporter à la place qu'elle occupe dans la série complète des terrains stratifiés.

Je suppose que, dans une carrière ouverte dans un coteau, vous trouviez des couches renfermant des cérithes gigantesques, vous serez bien sûr de ne point avoir affaire à la craie et vous pourrez affirmer que vous avez rencontré une couche de calcaire grossier.

Mollusques d'eau douce ; mollusques marins. — Les fossiles peuvent aussi dans beaucoup de cas indiquer le régime général qui a présidé au dépôt de la couche dans laquelle ils sont enfouis. Ainsi, là où se montrent des branches d'arbres, on est sûr d'avoir affaire à un sol qui était émergé ; là où les roches contiennent des empreintes de *fucus* (fig. 21), on est sûr de se trouver en présence d'un ancien fond de mer.

Les mollusques fournissent des notions de même ordre. Certains genres sont essentiellement marins, comme les cérithes, les bélemnites, les huîtres (fig. 22) ; d'autres sont exclusivement d'eau douce, comme les limnées (fig. 23), les planorbes et les mulettes ; enfin, il en est de terrestres, comme les colimaçons (fig. 24).

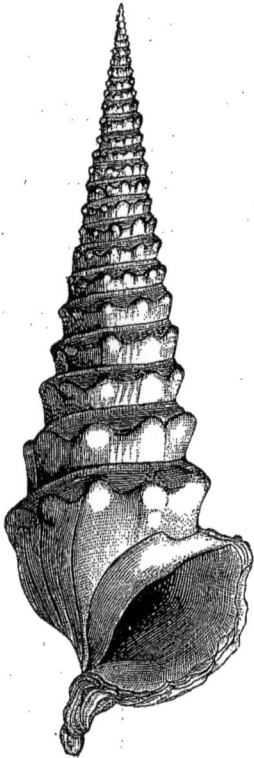

Fig. 20. — Cérithe gigantesque du calcaire grossier.

Il est évident que si la couche étudiée renferme des cérithes, elle ne s'est pas déposée dans l'eau douce et que si elle ne contient que des limnées et des planor-

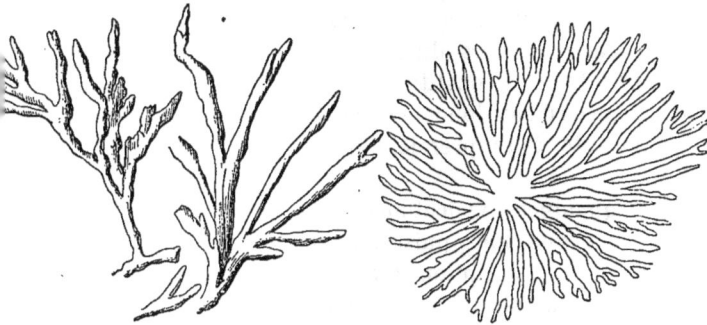

Fig. 21. — Empreintes de fucus dans des roches d'origine marine·

bes elle n'est pas marine. Cependant une couche marine peut renfermer accidentellement des fossiles d'eau douce ou même des fossiles terrestres, les cours d'eau

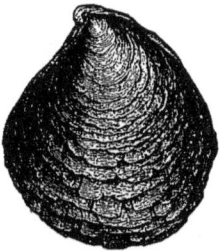

Fig. 22. — Huitre fossile ; exemple de mollusques marins.

Fig. 23. — Limnée fossile ; exemple de mollusques d'eau douce.

jetant dans ;la mer des ˙objets provenant de l'intérieur des continents et des îles.

Un fait bien intéressant que l'on constate dans la plupart des localités, c'est l'alternance répétée sur une même

3.

verticale de dépôts marins et de dépôts d'eau douce. Les phénomènes auxquels nous assistons chaque jour en rendent compte aisément. Par suite des bossellements géné-raux, un même point peut être suc-cessivement submergé par l'eau ou porté en dehors du bassin des mers de façon à constituer le fond d'une pièce d'eau douce, pour reve-nir ensuite à sa première situa-tion.

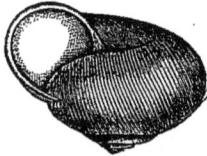

Fig. 24. — Colimaçon fossile ; exemple de mollusques ter-restres.

Ces quelques explications suffi-sent pour que nous puissions en-trer, sans plus tarder, dans la description rapide et succincte des principales couches stratifiées de notre globe. Ces couches, que l'on désigne sous le nom de terrains, ont reçu des appellations spéciales dont l'ori-gine n'a rien de régulier et que l'usage seul fait retenir.

Le tableau suivant les indique dans l'ordre de leur superposition naturelle :

TERRAIN QUATERNAIRE.. { Diluvium. Alluvions anciennes. Terrain gla-ciaire, etc.

TERRAIN TERTIAIRE.,.. { Pliocène (subapennin). Miocène (falunien). Éocène (parisien et suessonien).

TERRAIN SECONDAIRE.. { Crétacé. Jurassique (oolithique, liasique). Trias.

TERRAIN PRIMAIRE (ou de transition)...... { Permien. Houiller. Devonien. Silurien. Cambrien (Laurentien).

TERRAIN PRIMITIF (écorce granitique).

Il faut remarquer d'ailleurs que cette série n'existe sans doute nulle part complète. Certains intermédiaires manquent ordinairement entre deux termes plus ou moins éloignés. Ainsi on pourra trouver le terrain crétacé superposé directement au terrain houiller où celui-ci immédiatement appliqué sur l'écorce granitique. Mais l'ordre de superposition n'est pas pour cela altéré, et le fait des lacunes locales s'explique bien facilement par les oscillations du sol qui ont fait sortir de la mer certains points d'un terrain donné pendant que le terrain suivant se déposait et qui les y ont replongés durant une période subséquente où elles se sont recouvertes d'un nouveau sédiment.

Un dernier point fort important à signaler, c'est que les périodes géologiques successives n'ont pas une existence propre et ne sont limitées ni à leur origine ni à leur terminaison. Ce sont des époques successives de l'histoire de la terre intimement liées les unes aux autres comme les divers jours de l'existence d'un homme, dont l'enfance, la jeunesse, la maturité, la vieillesse sont très nettement différentes les unes des autres sans qu'il soit jamais possible de dire avec précision à quel moment chacune d'elles commence ou finit.

On ne doit accepter la notion des périodes géologiques que comme un moyen de faciliter nos études.

CHAPITRE PREMIER

TERRAINS PRIMAIRES OU DE TRANSITION.

Les plus anciens dépôts stratifiés sont désignés sous le nom de *terrains primaires* parce qu'ils ouvrent la série des formations sédimentaires. On les appelle encore *terrains de transition* parce que par leurs caractères ambigus ils se rapprochent souvent à peu près autant des roches cristallines fondamentales, que des roches franchement aqueuses.

Nous avons vu récemment que le terrain fondamental comprend, outre le granit et le gneiss, des roches dites micaschistes et talcschistes, dont l'allure générale est en couches superposées. Au-dessus se présentent des assises dites de talcschistes phylladiformes et de phyllades qui prennent petit à petit des caractères plus nettement sédimentaires et finalement présentent quelques fossiles.

Les géologues américains réunissent les plus anciennes de ces couches sous le nom de terrain *laurentien* (à cause du fleuve Saint-Laurent, dont les rives en sont formées); d'autres les font entrer dans l'ensemble des terrains *cambriens* (à cause du Cumberland en Angleterre).

Ces formations sont remarquables par l'allure tourmentée de leurs strates qui sont souvent repliées sur elles-mêmes, ondulées de manières fort capricieuses (fig. 25).

Au-dessus de ces terrains ambigus, et constituant avec eux les terrains primaires, se présentent d'épais revêtements que l'on répartit entre les trois périodes principales appelées : *silurienne, devonienne* et *carbonifère* (et *permienne* que nous nous bornons à mentionner).

Mollusques, crustacés et poissons. — Les fossiles qui permettent de reconnaître les terrains de transition sont

Fig. 25. — Allure tourmentée des strates constituant les terrains de transition.

Fig. 26. — Pentamère.

extrêmement nombreux. Les plus remarquables consistent en mollusques, en crustacés et en poissons. On y trouve aussi des végétaux dont nous parlerons plus loin.

Parmi les mollusques ou plutôt un peu au-dessous

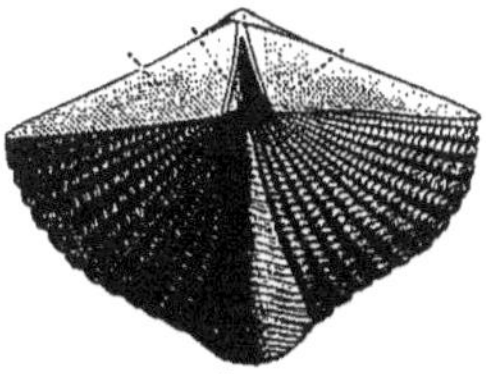

Fig. 27. — Spirifer.

Fig. 28. — Lituites.

d'eux, il faut citer surtout des animaux, qu'on appelle *brachiopodes* à cause de certains détails de leur structure interne. Les uns ont une coquille globuleuse qui rappelle **un peu**, quoique de loin, les *clauvisses* comestibles : ce sont

des pentamères (fig. 26); d'autres sont beaucoup plus
aplatis et plus élargis, on les appelle spirifers (fig. 27).

Avec ces brachiopodes se montrent des mollusques
bien plus élevés, comparables aux nautiles des mers
actuelles et rentrant comme eux dans la catégorie des
céphalopodes. Les uns sont enroulés sur eux-mêmes,
comme les lituites (fig. 28) et les goniatites; les autres
sont tout droits et atteignent
parfois des dimensions considérables comme les orthocères.

C'est sans doute parmi les
crustacés que se présentent les
animaux les plus caractéristiques des temps primaires. Loin
d'être des êtres inférieurs
comme on pourrait le croire à
cause de leur antiquité, ce sont
des organismes très parfaits. On
peut les comparer d'une manière générale aux homards et
aux écrevisses qui vivent de nos
jours.

On les appelle *trilobites* pour
rappeler que leur corps se compose de trois parties distinctes
ou de *trois lobes* séparés entre
eux par des sillons allant longi-
tudinalement de la tête à la
queue. La figure 29 nous donne
la représentation de l'une des
espèces les plus fréquentes de

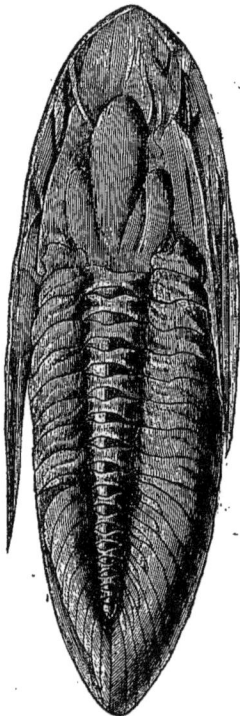

Fig. 29. — Ogygie de Guettard· trilobite qu'on appelle l'ogygie
de Guettard.

Non seulement on est arrivé à connaître beaucoup de
détails de l'organisation des trilobites, mais encore on a

découvert un grand nombre de particularités de leur vie
et de leurs habitudes. Ainsi, on a étudié les *métamorphoses* que ces animaux antiques traversaient avant de re-
vêtir la forme particulière qui caractérise leur état adulte
et l'on a des preuves qu'ils préféraient le séjour des
eaux peu profondes à celui de la haute mer.

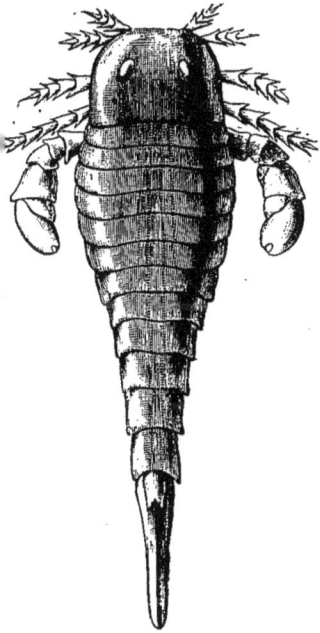

Fig. 30. — Pterygotus.   Fig. 31. — Euripterus.

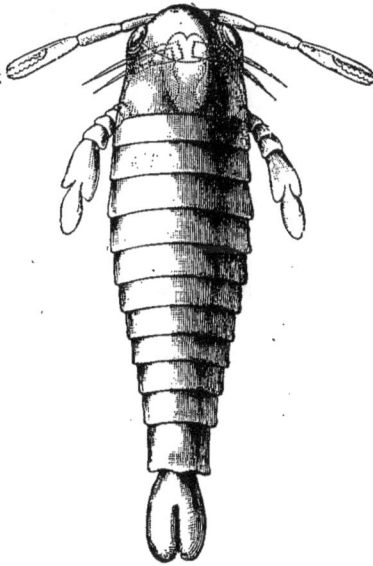

Ajoutons que les trilobites n'étaient point les seuls
crustacés de l'époque primaire. On peut citer par exemple le curieux animal de notre figure 30, affligé, outre
sa forme disgracieuse, du nom de *Pterygotus* et qui se
trouve en Angleterre et en Amérique. Quelques savants
ont émis l'idée que ce crustacé de même que l'*Euripterus*

(fig. 31), son très proche voisin, habitait peut-être les
rares eaux douces qui existaient dans les îles de l'époque
primaire la plus reculée.

A part quelques reptiles sur lesquels nous n'avons pas
à nous arrêter, les poissons représentent les animaux les

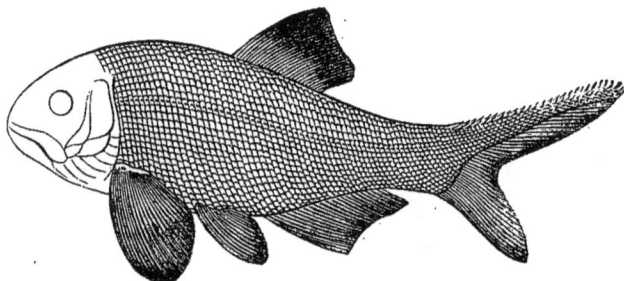

Fig. 32. — Amblyptère, type de poisson hétérocerque.

plus élevés de l'époque primaire. Ils sont extrêmement
nombreux et diffèrent beaucoup des poissons d'aujour-
d'hui. Leur caractère le plus général, dont l'esturgeon
presque seul a conservé la tradition jusqu'à nos jours,
consiste à être, comme on dit, *hétérocerque*, c'est-à-dire à

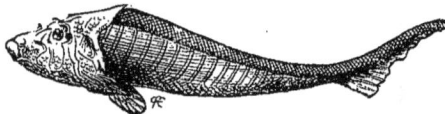

Fig. 33. — Cephalaspis.

avoir la nageoire caudale presque tout entière d'un seul
côté de la colonne vertébrale au lieu de l'avoir disposée
symétriquement au-dessus et au-dessous de celle-ci. C'est
ce que montre bien la figure 32 qui représente une amblyptère des terrains primaires.

Le *Cephalaspis* (fig. 33) a le haut de la tête couvert par

un écusson unique, dont les côtés se prolongent en arrière comme les cornes d'un croissant. Les yeux tournés en haut sont placés sur le milieu de ce disque. Le corps est plus étroit que la tête et couvert de plaques alignées en séries transversales. La queue est prolongée en un long pédoncule qui porte une nageoire. Il y a deux nageoires pectorales.

On donne le nom de *Coccostœus* (fig. 34) à des poissons dont toute la partie antérieure du corps est couverte de

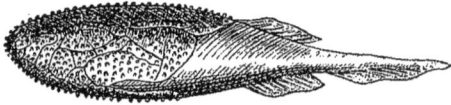

Fig. 34. — Coccostœus.

larges plaques qui constituent comme une carapace arrondie dont le profil est assez celui d'une mitre d'évêque. La queue est longue et flexible.

Enfin, les *Pterichthys* (fig. 35) forment un des types les plus bizarres que l'on connaisse et ne ressemblent à au-

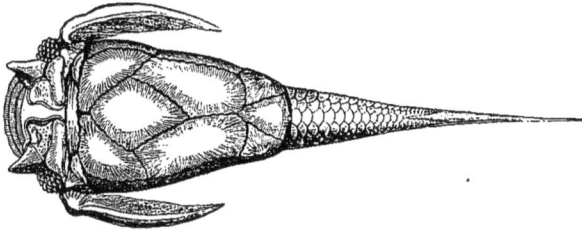

.Fig. 35. — Pterichthys.

cun autre poisson; aussi ont-ils été pris dans l'origine pour des crustacés et des scarabées. Presque tout le corps est enfermé dans une cuirasse composée d'un petit nombre de très larges plaques distinctes les unes des autres. De chaque côté se détache une longue na-

geoire placée à l'articulation de la tête et du tronc et qui
présente une forme d'aile tout à fait particulière.

Terrain silurien.

Ce terrain a été nommé silurien par un illustre géologue anglais, Roderick Impey Murchison, qui l'a d'abord
étudié dans le pays de Galles, que la petite tribu celtique
des *Silures* habitait jadis.

Au point de vue de la nature des roches qui le composent, le terrain silurien présente un aspect tout à fait
caractéristique : cela résulte de son grand âge qui lui a
permis d'éprouver une très longue suite d'actions diverses. Ses assises ont été *métamorphisées* par les innombrables éruptions de roches, par les émanations de tous genres
qui les ont traversées et surtout par l'énorme pression
que les dépôts plus récents, successivement superposés,
leur ont fait subir; elles sont en outre ployées, contournées
et redressées. On n'y trouve à peu près ni grès friable
ni calcaire tendre ou crayeux, ni argile faisant pâte avec
l'eau, — mais des quartzites, des marbres compactes ou
cristallins et des schistes, c'est-à-dire des roches métamorphiques.

Ardoises. — Parmi ces roches, l'une des plus remarquables est celle qu'on appelle *phyllade* et qui sert à la
fabrication des ardoises. En France, on l'exploite surtout
à Angers (Maine-et-Loire) et dans diverses localités des
Ardennes, comme Fumay, Deville et Rimogne.

La composition de l'ardoise est sensiblement celle du
schiste qui ne diffère de l'argile que par une quantité
d'eau beaucoup moindre : c'est donc un silicate d'alumine. Mais la structure est tout à fait caractéristique. La
roche consiste dans la superposition d'innombrables *feuillets* parfois extraordinairement minces et qui rappellent
ceux de la galette. Au sortir de la mine, le phyllade peut

se fendre en ardoises très fines et un très grand nombre d'ouvriers sont employés à cette fabrication.

Terrain dévonien.

Immédiatement superposé au précédent, le terrain dévonien tire son nom du comté de Devon, en Angleterre, où il a été découvert par Sedgwick et Murchison.

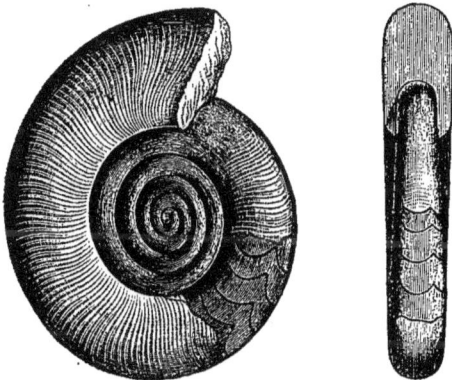

Fig. 36. — Goniatite.

Les roches dont il se compose ressemblent beaucoup aux roches siluriennes et sont comme elles très tourmentées. Cependant on y trouve des grès colorés en rouge par l'oxyde de fer et que les Anglais désignent sous le nom d'*old red sandstone*, c'est-à-dire en français *vieux grès rouge*. *Vieux* pour le distinguer d'un autre grès rouge qui couronne le terrain permien.

Marbres des Pyrénées. — Au nombre des roches les plus remarquables du terrain dévonien comptent les calcaires compactes exploités comme marbre, par exemple dans la vallée de Campan, près de Bagnères-de-Bigorre. La ro-

che est formée par le mélange du carbonate de chaux
avec une substance de nature phylladienne, c'est-à-dire
composée de silicate d'alumine. Cette substance est verte
ou rouge et ses feuillets contournent fréquemment des
noyaux dans chacun desquels on peut retrouver une coquille fossile, du genre goniatite (fig. 36). C'est le cas
pour la variété de marbre connue sous le nom de *griotte*.

Terrain houiller.

C'est après la période dévonienne que prit naissance
l'âge si remarquable à tous égards dont le terrain houiller
nous fournit le témoignage.

Le nom de ce terrain lui vient de la présence de la
houille, l'un des plus précieux trésors que renferme le
sein de la terre. Toutefois le combustible ne constitue
qu'une bien faible partie du terrain qui nous occupe. Le
plus grand nombre des couches qu'on y rencontre et
les couches les plus épaisses, sont formées de calcaires,
de grès et de schistes tout à fait stériles au point de vue
de l'exploitation.

La nature des diverses couches du terrain houiller est
si variée qu'on est pour ainsi dire contraint de le diviser
en trois étages parfaitement distincts les uns des autres
à la fois au point de vue des roches qui les composent
et des fossiles qui y sont renfermés. Ces trois étages,
en commençant par le plus ancien ou le plus inférieur,
portent les noms de *calcaire carbonifère*, de *mill-stone
gritt* et de *coal measures*. La forme anglaise de ces noms
ne doit pas nous surprendre. Elle vient de ce que ces
terrains ont été spécialement étudiés en Angleterre dont
ils sont une des richesses.

Les roches dont est formé l'étage du calcaire carbonifère sont avant tout des calcaires, comme le nom de
l'étage le dit assez. Cependant on y rencontre aussi des

schistes et des grès de diverses variétés dont les couches sont plus ou moins épaisses. La puissance de l'étage tout entier est évaluée à 400 ou 500 mètres.

Les calcaires dont il s'agit sont gris bleuâtres ou noirâtres, souvent veinés de lignes blanches cristallisées ; ils exhalent sous le choc du marteau ou par le frottement une odeur fétide due aux substances dont ils sont imprégnés. Leur texture est plus ou moins compacte et les accidents de coloration qu'ils présentent les font fréquemment employer comme marbres. C'est à cet étage qu'appartiennent les marbres si souvent utilisés sous les noms de *marbre des Ecaussines*, de *petit granit*, de *Sainte-Anne* et qui viennent de Belgique et spécialement de Namur et de Dinant.

Au-dessus du calcaire carbonifère se présente le *mill-stone gritt,* en français *grès pierre à moulins.* Ce nom lui vient de ce que, avec une épaisseur considérable qui atteint souvent 180 mètres, il est en majeure partie formé d'un grès de nature grossière, c'est-à-dire renfermant de nombreux cailloux et tout à fait propre par conséquent à la confection des meules de moulins.

Ce mill-stone gritt est une formation presque spéciale à l'Angleterre. Ses représentants sur le continent sont peu nombreux et ne lui ont même été rattachés le plus souvent que d'une manière douteuse ; toutefois on doit le regarder comme un étage spécial. La période de son dépôt est comprise entre deux systèmes importants de soulèvements de montagnes : en bas le système des ballons des Vosges, en haut celui des montagnes du Forez.

Mais de tous les étages du terrain houiller, le plus important sans comparaison est l'étage supérieur ou *coal measures* à la fois au point de vue des roches et au point de vue des fossiles.

Pour ce qui est des roches, les calcaires manquent à peu

près constamment dans ce terrain. Il est presque entièrement formé de roches dites *détritiques* parce qu'elles résultent de la réunion de débris et de détritus dus à la
démolition de terrains plus anciens. Ce sont des grès, des
poudingues et des brèches, dans les éléments desquels
on reconnaît souvent de petits fragments originaires des
terrains cristallisés ou des couches devoniennes et siluriennes. On y voit aussi de nombreux lits de schistes qui
ne sont autre chose, comme nous l'avons dit précédemment, que des argiles ayant subi depuis leur dépôt des
actions métamorphiques.

Outre ces roches tout à fait principales, si on ne fait attention qu'au volume, on en rencontre d'autres beaucoup
plus importantes par leurs applications et, en tête, la
houille qui donne son nom à tout le système, et un précieux minerai de fer carbonaté ou *sidérose* dont l'Angleterre tire un avantageux parti.

Le fer carbonaté peut être considéré comme tout à fait
essentiel de cette formation géologique quoiqu'il soit
beaucoup plus sujet à manquer que la houille. En France,
excepté dans les départements de l'Aveyron et du Gard, il
est rarement assez abondant pour être exploité avec avantage ; mais, comme on vient de le dire, ce minerai est si
répandu sur certains points de l'Angleterre, qu'il y ali-
mente la plus grande partie des riches usines à fer de ce
pays. Souvent il se présente en rognons à l'intérieur desquels on peut trouver des fossiles plus ou moins bien
conservés.

Distribution des terrains houillers. — En général les dépôts houillers sont disposés en petits *bassins* isolés : la
France seule en possède environ une soixantaine plus ou
moins riches (voyez la carte géologique). Les plus importants sont dans le département du Nord, entre Lille et
Valenciennes ; dans le département de Saône-et-Loire, à
Blanzy et au Creusot ; entre Saint-Étienne et Rive-de-Gier ;

dans les départements de l'Aveyron, du Gard, etc. La superficie totale des bassins français est de 250,000 hectares.

Dans d'autres pays les bassins houillers ne sont pas aussi indépendants les uns des autres. Ainsi la longue bande houillère exploitée à Eschweiler, Aix-la-Chapelle, Liège, Charleroi, Mons, dans le Pas-de-Calais et les Iles-Britanniques, présente une continuité remarquable indiquant que les gisements appartiennent à un seul dépôt formé dans une même mer ou dans un même golfe.

Le nombre des couches de houille superposées les unes aux autres dans un même bassin est très variable. On fixe à quatre-vingt-cinq celles qui existent dans le bassin de Liège, et ailleurs on n'en trouve que trois ou quatre. Quant à leur épaisseur, la moyenne ne dépasse guère un mètre. Cependant sur quelques points elles atteignent 4 ou 5 mètres et dans certains *renflements* jusqu'à 50 mètres et plus, dans l'Aveyron, par exemple.

Par suite des dislocations qu'elles ont subies, les couches de houille sont très tourmentées ; elle se présentent fréquemment rompues par des failles, tantôt contournées, tantôt repliées sur elles-mêmes, de manière à former des zigzags à angles très brusques et de dessin parfois fort compliqué.

Origine et exploitation de la houille. — La notion de l'origine de la houille est fournie, d'une part, par les résultats de son analyse chimique et, d'autre part, par l'observation des restes végétaux auxquels les couches de combustibles sont intimement associées.

Des deux côtés on arrive à reconnaître que la houille dérive d'une sorte spéciale de transformation subie par des plantes accumulées et enfouies. La houille en effet ne diffère du bois, au point de vue chimique, que par une plus grande proportion des éléments volatiles, et sa composition est reliée à celle du ligneux par des intermédiaires tels que le lignite et la tourbe.

On est d'ailleurs bien sûr que la matière végétale peut, à la faveur d'une sorte de distillation incomplète, donner de la houille, car il est facile avec des feuilles de préparer de la houille artificielle. Pour cela ces fragments de plante sont placés entre des gâteaux d'argile fraîchement gâchée dans l'eau et amenée à un degré convenable de consistance. On serre de façon à éliminer complètement l'air et

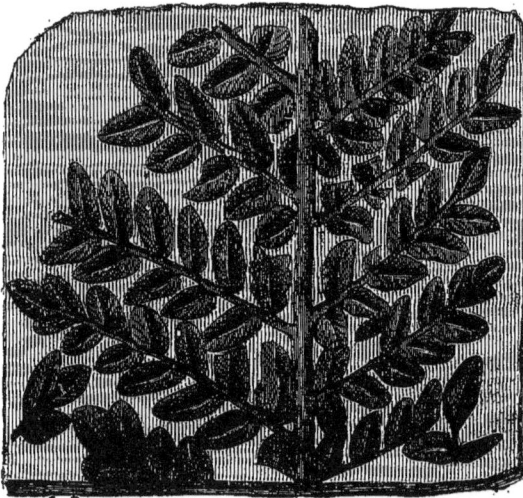

Fig. 37. — Fougère arborescente du terrain houiller.

à faire que les feuilles soient réellement empâtées au milieu du bloc argileux. Cela fait, on soumet le tout à une cuisson modérée. L'argile perdant de l'eau passe à un état tout à fait comparable à celui du schiste et la matière ligneuse, carbonisée se transforme rigoureusement en houille.

D'un autre côté, le nombre des fossiles végétaux associés à la houille est tout à fait remarquable. Dans la substance même du charbon de terre on ne retrouve aucune trace de texture végétale, mais cela provient de la véritable *fermentation* subie par les plantes qui se sont carbonisées. Au contraire, dans les roches voisines, dans les grès et dans les schistes, les empreintes de plantes sont extrêmement nombreuses.

On trouve surtout des feuilles extrêmement élégantes (fig. 37) appartenant à des fougères arborescentes plus grandes et plus belles que toutes celles actuellement existantes. Il y a avec elles des rameaux de conifères parfois chargés de leurs fructifications et beaucoup d'autres arbres (calamites, sigillaires, cordaites, etc.).

Outre les feuilles on trouve des

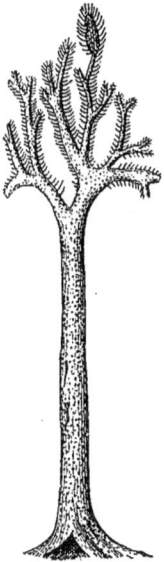

Fig 38. — Tronc de calamite du terrain houiller, dépassant dix mètres de hauteur.

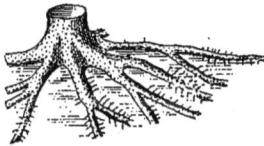

Fig. 39. — Stigmaria; racine d'arbre du terrain houiller.

troncs et ceux-ci atteignent parfois des dimensions considérables (fig. 38). Il arrive que ces troncs sont restés dans leur position originelle, c'est-à-dire perpendiculaire à la couche qui formait le sol de la forêt qu'ils composaient. Et dans maintes localités on a rencontré plusieurs horizons de forêts superposées.

Enfin les racines des végétaux houillers sont abondantes dans la couche de schiste qui supporte immédiatement le combustible et que les mineurs anglais désignent depuis des siècles sous le nom d'*under-clay* ou argile de des=

sous. Ces racines appelées *stigmaria* (fig. 39) ont longtemps été prises pour des végétaux particuliers et il a
fallu des circonstances spéciales pour faire retrouver leurs
rapports naturels avec les troncs précédemment cités.

L'exploitation des mines de houille occupe de nombreuses populations et donne à l'industrie une quantité
extrêmement considérable du précieux combustible.

Quelquefois, comme dans l'Aveyron, l'exploitation se
fait à ciel ouvert dans de gigantesques carrières ; mais le
fait est tout à fait exceptionnel et d'ordinaire on parvient
aux couches exploitables à l'aide de réseaux plus ou moins
compliqués de puits et de galeries.

Le travail nécessité par l'exploitation est très considérable ; il coûte des sommes énormes et n'est pas sans
danger comme en témoignent de nombreuses catastrophes.
Tout d'abord, l'existence de la houille dans les entrailles
de la terre ne peut être reconnue le plus souvent qu'à
l'aide de sondages. Ceux-ci, identiques à ceux qu'on exé-
cute pour construire des puits artésiens, représentent déjà
de grandes entreprises. Ils fournissent des échantillons
du sol, connus vulgairement sous le nom de *carottes* à
cause de leur forme cylindrique et qui permettent de me-
surer l'épaisseur exacte des couches souterraines et de déterminer la nature de chacune d'elles. C'est souvent
à 600, 700, 800 mètres et davantage qu'on rencontre le
combustible.

Le simple trou de sonde est alors remplacé par un
véritable puits aux parois solides et dont la construction
est fort difficile. Le travail va bien dans les couches dures
et cohérentes, mais dans les sables et dans les argiles
il se produit un tassement continuel contre lequel il faut
lutter à l'aide de cuvelages très solides. A divers niveaux
on rencontre aussi des nappes d'eau qui noieraient rapidement les travaux si de puissantes pompes d'épuisement
n'étaient maintenues nuit et jour en fonctionnement.

Une fois que le puits est parvenu à la couche de
houille, on perce dans le plan même de la couche une
première galerie plus ou moins horizontale et la substance enlevée qui consiste en houille est remontée au
jour à l'aide de *bennes* suspendues dans le puits à un
câble extrêmement solide et que tire une machine à
vapeur.

A mesure qu'on creuse la galerie on en soutient le
toit et les parois à l'aide de boisages et on a soin, pour
en permettre le séjour aux ouvriers, d'y injecter de l'air
à l'aide d'un souffleur.

Le même puits (P, fig. 40) peut traverser diverses couches de houille, ou, comme nous l'avons dit, la même
couche plusieurs fois infléchie sur elle-même. On pra-
tique donc divers étages de galeries G, et celles-ci sont
reliées entre elles par des puits secondaires.

Comme on abat, en même temps que la houille, des
matières non utilisables, grès et schistes, on se sert de
ceux-ci pour remblayer les galeries épuisées et assurer
ainsi la solidité des travaux, toujours menacés d'éboulements.

Sur le sol des galeries on dispose de petits chemins
de fer pour y faire circuler les wagonnets chargés de
houille jusqu'au bas du puits.

Au fond de chaque galerie, au *front de taille* suivant
l'expression reçue, le houilleur abat la roche. Comme on
veut économiser le travail et par conséquent faire la
galerie le moins large possible, l'ouvrier peut rarement
se tenir debout et souvent il accomplit sa rude besogne
couché sur le dos, à *col tordu* pour employer le langage
expressif des charbonnages.

La vie du mineur n'est pas seulement très laborieuse,
elle est aussi entourée de périls. Déjà nous avons fait
allusion aux éboulements et on a des exemples de grands
malheurs dus à cette cause.

Parfois aussi les eaux faisant irruption dans la mine plus vite que la pompe ne peut les extraire, déterminent des inondations où les mineurs sont noyés.

Enfin le plus grand ennemi des mines est le *grisou*. On donne ce nom à un gaz qui exsude de la houille et dont la composition est à peu près celle du gaz d'éclairage. Vous savez que mêlé à l'air cette substance est

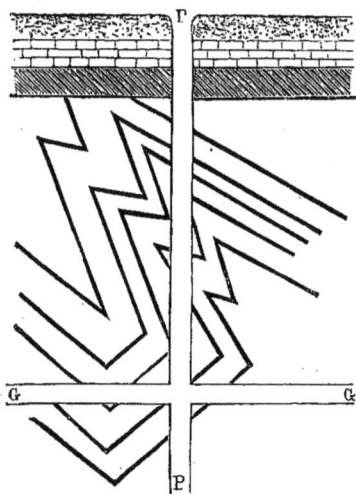

Fig. 40. — Inflexion des couches de houille dont chacune peut être recoupée plusieurs fois par un même puits P ou par une même galerie G.

éminemment explosive et qu'il suffit de la moindre flamme pour déterminer sa combustion. Une étincelle peut donc déterminer dans la mine les explosions les plus funestes.

Malgré toutes les précautions, telles l'emploi de la lampe de Davy, il n'y a pas d'année qu'on n'ait à déplorer de nombreuses catastrophes par le grisou, dont chacune cause parfois la mort de plus de cent personnes.

Mais le charbon de terre est si utile que rien ne fera jamais renoncer à son exploitation où les progrès des sciences permettront seulement d'introduire peu à peu de plus en plus de sécurité. Détail à noter : les mineurs aiment leur profession par dessus toute autre et ne songent pas à en changer.

CHAPITRE II

Les terrains secondaires considérés dans leur ensemble sont bien loin de représenter une épaisseur totale comparable à celle des terrains primaires. Mais les couches qui les constituent sont bien plus riches en vestiges fossiles dont beaucoup offrent un puissant intérêt.

Nous mentionnerons seulement quelques mollusques et plusieurs reptiles. Il faudra insister un peu sur ces derniers, car on peut dire des temps secondaires qu'il ont marqué l'apogée de cette classe de vertébrés ; on va voir que c'est également alors qu'ont apparu les mammifères et les oiseaux.

Parmi les mollusques nous citerons seulement les ammonites et les bélemnites.

Ammonites (fig. 41). — Les ammonites sont des coquilles de mollusques céphalopodes qui n'existaient pas avant les temps secondaires et qui n'ont pas

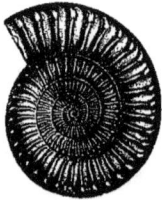

Fig. 41. — Ammonite.

persisté depuis. Les goniatites les annonçaient et les nautiles actuels les continuent. Leur taille ordinairement petite atteint parfois huit pieds de diamètre; le nombre des espèces s'élève à plusieurs centaines.

La coquille était divisée en une suite de chambres plus ou moins nombreuses, disposition qui se rencontre chez le nautile comme vous savez. Ces chambres dont le nombre augmentait avec l'âge, avaient pour effet de compenser l'augmentation de poids résultant du développement de l'animal. Celui-ci occupait la cavité contenue en avant de la dernière cloison, cavité qui, suivant les individus, forme d'un demi-tour à un tour entier de la spire. Les cloisons sont traversées par un tube placé au côté dorsal de la coquille et qui, par analogie avec ce que présente le nautile, devait loger un organe charnu à l'aide duquel l'animal adhérait au fond de sa coquille. Il est probable que ce tube pouvait servir aussi au mollusque à s'élever et à s'abaisser dans la mer, en augmentant ou en diminuant le poids de la coquille selon qu'il était plein ou vide d'eau.

L'abondance extrême et la forme remarquable de ces coquilles en ont fait de tout temps un objet de curiosité. On les a souvent prises pour des serpents pétrifiés. Leur nom d'*ammonites* vient de leur ressemblance avec les cornes de béliers sculptées sur les temples de Jupiter Ammon. On les vénérait à cause de cela en Egypte et en Ethiopie. Elles ont été également l'objet d'une sorte de culte parmi les Indiens : les Brahmes les conservaient dans des boîtes précieuses et leur faisaient un sacrifice tous les jours.

Bélemnites (fig. 42). — La bélemnite, dont nous avons déjà mentionné la présence dans la craie de Meudon, n'est autre chose que l'osselet interne d'un mollusque céphalopode

Fig. 42. — Bélemnite.

qui ressemblait beaucoup à la seiche, voisine du poulpe, ou de la *pieuvre*, pour employer une expression maintenant familière. Cet osselet qu'à première vue on pourrait prendre pour un bâton de sucre d'orge pétrifié, a fixé de tous temps l'attention des naturalistes, et il n'est pas de production naturelle sur la nature de laquelle on ait discuté davantage.

Spectorum candela, digiti diaboli sont quelques-uns des noms qu'on leur a donné, et ces noms montrent assez de quels contes elles ont été l'objet. C'est seulement à une époque tout à fait récente qu'on est enfin parvenu à découvrir et à démontrer leur vraie nature.

On pense que les bélemnites étaient des mollusques côtiers, et la forme élancée de leur osselet indique que ces animaux étaient bons nageurs. D'après les dimensions de quelques bélemnites, on peut supposer que certaines espèces dépassaient la taille d'un mètre. Quelques exemplaires heureusement conservés ont permis de reconnaître qu'elles étaient, comme les seiches, munies d'une poche à encre, destinée comme on sait à obscurcir l'eau au moment du danger et à permettre à l'animal d'échapper dans un nuage à la poursuite de l'ennemi. C'étaient probablement des animaux carnassiers. On en connaît une soixantaine d'espèces qui sont toutes cantonnées dans les terrains secondaires.

Grands reptiles. — Comme nous le disions tout à l'heure, le terrain secondaire est véritablement caractérisé par le règne des reptiles. Ceux-ci sont d'une abondance et d'une variété tout à fait étonnantes.

Pour citer quelques-uns des principaux nous mentionnerons d'abord le singulier animal appelé ichthyosaure (fig. 43) pour rappeler qu'il ressemble à la fois aux lézards et aux poissons. Il avait le crâne d'un lézard, le museau effilé d'un dauphin, les dents coniques et pointues du crocodile ; des yeux dont la sclérotique était renforcée d'un cadre de pièces osseuses : ce qui ne se rencontre que chez les oiseaux, les tortues et les lézards ; des vertèbres de poissons et de cétacés, plates et biconcaves sur leurs deux faces ; un sternum et des os d'épaule semblables à ceux des lézards et des ornithorhynques ; des nageoires analogues à celles des cétacés, d'une seule pièce, à peu près sans inflexion, mais au nombre de quatre.

Comme les cétacés, les ichthyosaures étaient des animaux essentiellement marins, carnassiers, à respiration
aérienne, doués de la faculté de pouvoir rester long-

Fig. 43. — Ichthyosaure.

temps dans l'eau et de se transporter avec rapidité
d'un endroit à l'autre dans la profondeur des mers.
Comme les membres des cétacés, leurs membres n'étaient
propres qu'à la natation. « L'ichthyosaure, dit Cuvier, ne
pouvait probablement pas ramper sur le rivage autant
que les phoques, et il devait y rester immobile comme
les baleines et les dauphins s'il y venait échouer. »

Les dimensions sont encore un trait de ressemblance
avec les cétacés ; il en est qui atteignent
jusqu'à dix mètres de long.

En Angleterre et sur plusieurs kilomètres de longueur on trouve en abondance
des espèces de cailloux oblongs (fig. 44),
longs le plus ordinairement de 6 à 12 centimètres sur 3 à 6 de diamètre ; ils sont aussi
nombreux que les pommes de terre dans
un champ.

Fig. 44. — Copro-
litho.

Or, ces prétendus cailloux très recher-
chés pour en faire un amendement agricole, sont des
excréments pétrifiés d'ichthyosaure. Ils ont reçu le nom
de *coprolithes* et ils nous enseignent par leur composition
la nature des aliments dont les ichthyosaures faisaient
usage, comme par leur forme ils nous révèlent la disposition de l'intestin de ces animaux.

Leur coupe fait voir qu'ils ont été moulés en une lame
aplatie et contournée en spirale du centre à la circonférence. Leur extérieur offre la trace des rides et des im-
pressions les plus légères qu'ils ont dû recevoir, alors
qu'ils étaient à l'état plastique, dans les intestins d'animaux vivants.

Ces pétrifications contiennent en abondance et disper-
sées irrégulièrement dans leur intérieur, des écailles, des

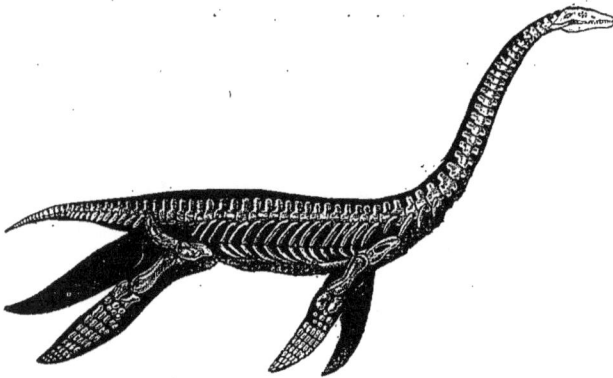

Fig. 45. — Plésiosaure.

dents et des os. Les écailles dures et brillantes sont celles
des poissons qui pullulent dans les mêmes couches. Les
os sont surtout des vertèbres de poissons et de jeunes
ichthyosaures, dévorés comme on voit par leurs parents.

« Si quelque chose pouvait justifier ces hydres et ces
autres monstres dont les monuments du moyen âge ont si
souvent répété la figure, ce serait incontestablement le
plesiosaure. »

Ainsi s'exprime Cuvier à l'égard d'un autre grand reptile jurassique (fig. 45), où l'on trouve en effet le mélange
des caractères d'une foule d'êtres actuels différents. Il
avait une tête assez analogue à celle du lézard, des dents

de crocodile, un cou de cygne, moins les plumes, bien
entendu, le tronc et la queue des quadrupèdes, des côtes
de caméléon et des nageoires de baleine.

Le plésiosaure était un animal aquatique comme l'état
de ses pattes le prouve jusqu'à l'évidence. Il était marin.
La ressemblance de ses extrémités avec celles des tortues
conduit à penser que, comme ces dernières, il venait de
temps à autre sur le rivage ; toutefois ses mouvements
sur la terre ferme ne pouvaient qu'être dépourvus d'a-
gilité et la longueur de son cou était un obstacle à la rapidité de sa progression à travers les eaux. A ce point de
vue il contraste d'une manière frappante avec l'ichthyosaure si admirablement organisé pour fendre les vagues.
Et comme à ces diverses circonstances il vient se joindre,
en vertu du mode de respiration de l'animal, un besoin
de communication fréquente avec l'atmosphère, on doit
croire qu'il nageait à la surface même des eaux, ou s'en
éloignait peu, recourbant en arrière son cou long et
flexible à la manière du cygne et le ramenant de temps
à autre pour saisir les poissons qui s'approchaient de
lui. Peut-être aussi se tenait-il près du rivage dans
les eaux peu profondes, caché au milieu des végétaux
marins et portant à l'aide de son long cou, ses narines
jusqu'à la surface des eaux. C'eût été là pour lui une
retraite assurée contre les attaques de ses plus dangereux
ennemis. D'un autre côté, cette longueur et cette flexibilité du cou, par la promptitude et la soudaineté d'attaques qu'elles lui permettaient de déployer contre tout
ce qui passait à sa portée, compensait la faiblesse de ses
mâchoires et l'impossibilité d'une progression rapide au
sein des eaux.

Aujourd'hui un seul reptile est pourvu d'ailes ; c'est le
lézard-dragon de l'île de Java. Mais le dragon moderne,
de très petite taille ne saurait être comparé au ptérodactyle (fig. 46) qui vivait à l'époque secondaire. Ses ailes,

beaucoup trop faibles pour frapper l'air et le servir au vol n'arrivent qu'à le soutenir comme un parachute quand il saute de branche en branche ; — tandis que le ptéro-dactile volait réellement à l'aide de véritables ailes sou-tenues principalement par un doigt très allongé.

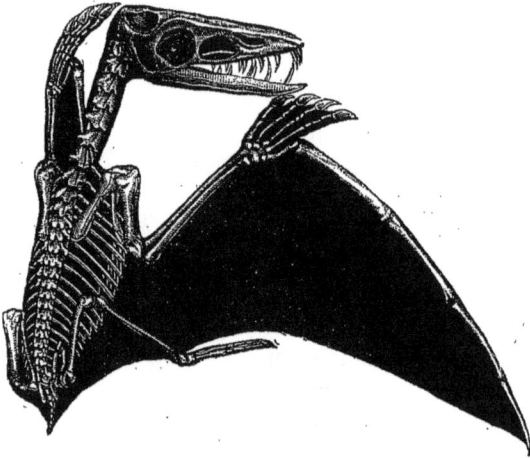

Fig. 46. — Ptérodactyle.

Le ptérodactyle était une sorte de lézard, mais par la longueur de son cou et la forme de sa tête, il ressem-blait aux oiseaux ; par son tronc et par sa queue, aux mammifères ordinaires ; par ses dents monstrueuses et pointues, aux reptiles, et par ses ailes, aux chauves-sou-ris. Que peuvent imaginer les poètes qui soit invraisem-blable après de pareils mélanges de caractères ordinaire-ment séparés ? Le volume et la forme des pieds, de la jambe et de la cuisse, prouvent que les ptérodactyles pouvaient se tenir debout avec facilité, les ailes pliées et possédaient ainsi une progression analogue à celle des oi-seaux ; comme eux aussi, ils pouvaient se percher sur les arbres, en même temps qu'ils avaient la faculté de grim-

par le long des rochers et des falaises en s'aidant des
pieds et des mains comme le font aujourd'hui les
chauves-souris et les lézards. Ils étaient sans doute in-
sectivores et peut-être nocturnes ; leur dimension varie
de celle de la chauve-souris commune à celle du cygne.

Le *téléosaure* (fig. 47) se rapproche des gavials actuels par
la forme générale de sa tête et par ses mâchoires effilées ;
mais son sternum est semblable à celui des crocodiles.

Fig. 47. — Téléosaure.

Certaines espèces ont jusqu'à 10 mètres de long dont 1
ou 2 pour la tête seule. L'une d'elles portait deux cuiras-
ses, une sur le dos, comme nos crocodiles, et une sous le
ventre.

Le *Ramphorhynchus* (fig. 48) constitue un des types les
plus bizarres que l'on puisse imaginer. Saurien ailé, c'est
un proche parent du ptérodactile. Il s'en distingue surtout
par sa longue queue : celle du ptérodactile était rudimen-
taire. Le ramphorhynchus avait la taille du corbeau ; on
voit sur le terrain où il a marché, la double empreinte de
ses pieds à trois doigts et de la queue qu'il traînait derrière lui.

Le *mégalosaure* (fig. 49) avait 9 à 12 mètres de long. Son museau était droit, mince et comprimé latéralement comme celui du gavial. Mais ses dents, peu épaisses, aiguës, arquées en arrière, à deux tranchants finement dentés

Fig. 48. — Ramphorhynchus.

constituaient un appareil vraiment formidable. Les mégalosaures étaient probablement riverains ; sans doute ils se nourrissaient de reptiles de taille médiocre ; et les

Fig. 49. — Mégalosaure.

tortues et beaucoup de sauriens dont on trouve les débris auprès de ceux des mégalosaures ne trouvaient point grâce devant eux.

L'*Iguanodon* ne le cédait pas au précédent sous le rapport de la taille. Mais il était herbivore, son nom lui a été donné d'après la forme de ses dents qui rappellent celles de l'iguane (fig. 50), reptile long de 1 m. 50 environ qui vit actuellement dans les régions chaudes de l'Amérique Méridionale. Les dimensions comparatives des os montrent que l'iguanodon était haut sur jambes, les membres postérieurs étant beaucoup plus longs que les antérieurs et que les pieds étaient courts et robustes. La forme de ces pieds indique un animal terrestre. L'iguanodon devait souvent se tenir debout à la manière d'un gigantesque kanguroo dont il reproduit l'allure générale.   •

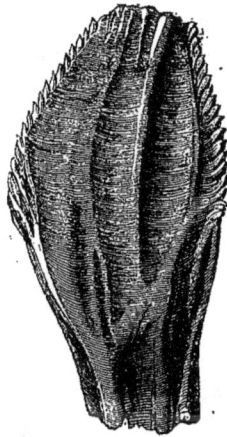

Fig. 50. — Dent d'Iguanodon.

Citons enfin le *mosasaure* (fig. 51) qui a été longtemps connu sous le nom de *grand animal de Maestricht* parce qu'on a trouvé de ses débris dans la montagne de Saint-Pierre auprès de cette ville hollandaise. C'était un reptile intermédiaire entre la tribu des sauriens à langue extensible et fourchue qui comprend le *Monitor* et les lézards ordinaires et les sauriens à langue courte et dont le palais est armé de dents, tribu qui embrasse les iguanes. La longueur totale du mosasaure était de 8 mètres ; sa mâchoire seule a un mètre. L'ensemble de son squelette est celui d'un monitor, mais il offre des modifications qui indiquent son habitat marin.

Premiers mammifères et oiseaux (trias et terrain jurassique). — C'est vers le commencement des périodes secondaires que paraît avoir fait son apparition la classe des mam-

mifères. Elle était représentée alors par un animal dont les
vestiges ont été découverts dans le Wurtemberg et auquel
on a donné le nom de *Microlestes antiquus*. Le microleste
dont le nom signifie *petite bête de proie* n'est jusqu'ici
connu que par quelques dents, et on a hésité longtemps
sur sa véritable place zoologique au point que l'un des
naturalistes les plus célèbres de l'Angleterre, M. Richard
Owen, n'a pu lui-même lui reconnaître d'affinité avec
aucun des genres actuels ou anciens qui sont décrits.

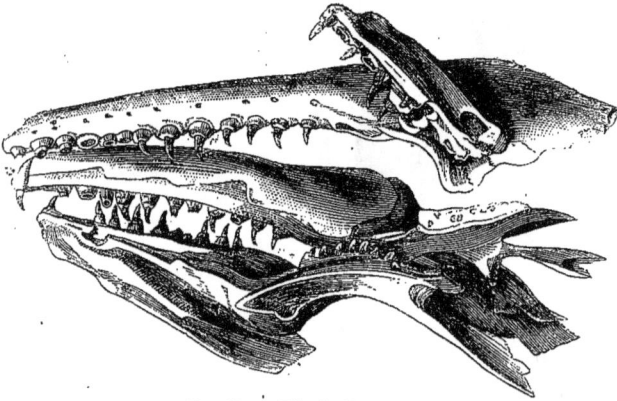

Fig. 51. — Tête de Mosasaure

Un peu plus tard les *Thylacotherium* et les *Phascolothe-*
rium paraissent devoir être rapprochés des kanguroos et
des sarigues actuels, c'est-à-dire des mammifères à
bourse, appelés *marsupiaux*.

C'est aussi pendant les temps secondaires que les oiseaux ont apparu sur la terre. Beaucoup d'entre eux ont
laissé dans les couches américaines des empreintes de
leurs pieds, imprimées dans un sol alors humide. Dans le
Massachusset, des grès nous ont fidèlement conservé ces
empreintes dont beaucoup appartiennent à des êtres gi-

gantesques. En général on y reconnaît trois doigts dont le médium est plus long que les deux autres (fig. 52).

En Bavière, les couches qui fournissent les pierres lithographiques ont empâté des vestiges d'oiseaux beaucoup plus complets. On en a fait le genre *Archeopteryx*. L'échantillon le plus célèbre acheté 25,000 francs, par le British Museum, est une pierre contenant une portion

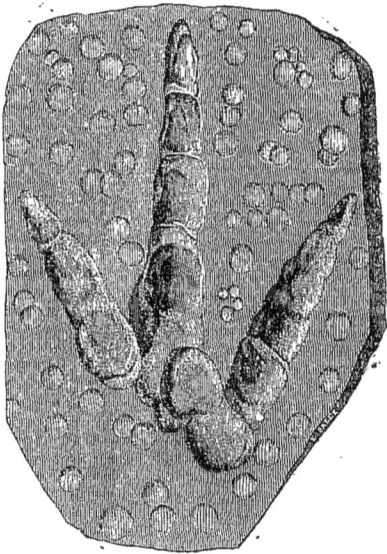

Fig. 52. — Empreinte de pas d'oiseau gigantesque de l'époque secondaire.

considérable du squelette dont les membres antérieurs étaient garnis de plumes rayonnantes et qui avait une queue fort longue également pourvue de plumes.

Le fémur, le tibia, le métatarse, les doigts présentent bien les caractères des os d'oiseaux. Il en est de même des pieds, des membres antérieurs, sauf que deux des doigts de l'aile sont pourvus d'ongles, tandis que chez les oiseaux actuels il n'y en a jamais plus d'un qui soit dans ce cas. Les côtes, plus grêles que chez la plupart des oiseaux ont des traits de ressemblance avec celles des reptiles. De même la queue est d'un reptile, sauf bien entendu par ses plumes. Peut-être les plumes manquaient-elles au tronc, du moins ne trouve-t-on aucune

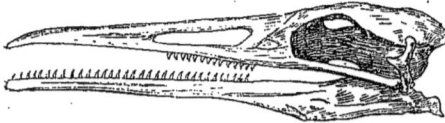

Fig. 53. — Crâne d'Hesperornis, oiseau dont les mâchoires sont garnies de dents.

trace de leur présence ; ce qui, joint à la gracilité des côtes et par conséquent au peu d'activité de la respiration, indiquerait un animal dont la température propre n'aurait pas été beaucoup plus élevée que celle des reptiles. Un autre oiseau, l'Hesperornis, qui provient du terrain crétacé du Kansas aux États-Unis, présente à ses mâchoires un grand nombre de dents (fig. 53).

Terrain triasique.

Le nom du *trias* veut rappeler qu'on peut le diviser en trois étages. Ce sont ceux du *grès bigarré*, du *muschelkalk* et des *marnes irisées*. Le caractère de trifurcation n'est pas exclusif au trias, nous avons déjà vu qu'il est présenté par le terrain carbonifère et nous allons le retrouver dans le terrain tertiaire. On peut même dire qu'il ne s'applique pas partout, à beaucoup près, au trias, qu'on s'accorde maintenant très généralement à diviser, non plus en trois étages mais en deux, le *conchylien* et le *salifèrien*. Mais si le nom de trias est mauvais il faut, non pas le changer, car ce serait introduire une complication de plus dans un sujet qui n'en manque pas, mais oublier sa signification et l'accepter comme un simple nom de fantaisie.

Les roches qui dominent dans le trias sont des grès, parfois à éléments très volumineux et passant alors à des poudingues ; — des calcaires qui, en certaines régions, sont absolument pétris de coquilles; — des argiles colorées diversement par l'oxyde de fer.

Amas de sel gemme et de gypse. — Aux argiles que nous venons de mentionner sont associées de puissantes accumulations de sel gemme et de gypse, par exemple dans les environs de Nancy, à Vic et à Dieuze ; à Bex, dans le canton de Valais, etc. Le gypse est exploité comme pierre à plâtre ; mais le sel donne lieu à des travaux beaucoup plus considérables. La méthode d'extraction varie d'ailleurs suivant les circonstances.

Dans certains cas le sel est exploité au moyen de mines proprement dites; absolument comme la houille qui nous a occupés précédemment. C'est ce qui a lieu par exemple en Pologne, à Wielickska où existent des mines de sel vraiment gigantesques et c'est aussi ce qui a lieu dans diverses localités de la Lorraine.

Souvent c'est tout autrement que l'on opère et le sondage n'a pas d'autre but que de permettre de faire arriver de l'eau au contact de la couche salifère. Deux tubes concentriques étant disposés dans le trou foré, on verse de l'eau dans l'espace annulaire qui subsiste entre eux. Cette eau se charge de sel dans la profondeur et remonte par le tube central. On la dirige alors dans des cuves où elle est évaporée et le sel cristallise.

En définitive ce qu'on réalise en opérant ainsi c'est une véritable imitation des sources salées naturelles dont beaucoup de localités sont pourvues et on peut ajouter à cette occasion que c'est précisément à de pareilles sources qu'il faut attribuer en maintes régions la découverte du sel gemme. Ainsi, on exploite dans les Basses-Pyré-

nées, à Villefranque, un important gisement de sel dont
l'existence a été révélée par la sortie de sources salées.

L'exploitation du sel entraîne des accidents spéciaux dus
à la nature argileuse du terrain où il est renfermé. D'a-
bord ce terrain étant imperméable il est parfois le théâtre
de véritables inondations et c'est ce que fait voir la

Fig. 54. — Inondation provoquée par l'exploitation des mines de sel.

figure 54 représentant la ville de Cheshire (Angleterre) dans
une circonstance semblable. En second lieu l'argile étant
apte à glisser, les excavations deviennent aisément la cause
de tassements souterrains et par contre-coup, de vrais
tremblements de terre à la surface. Il y a peu de temps,
un semblable tassement survenu dans la saline de Varan-
géville auprès de Nancy, a amené la destruction subite de

tous les bâtiments d'exploitation, et malheureusement il y eut plus d'une victime engloutie sous les ruines.

Terrains jurassiques.

Marbres compactes ; calcaires oolithiques. — Les terrains jurassiques ainsi nommés à cause du rôle qu'ils jouent dans la structure du Jura, constituent un ensemble énorme de couches superposées. On les a subdivisés en deux groupes dont le plus ancien est le *terrain de lias* et l'autre le *terrain oolithique.*

Le *lias* tire son nom de l'appellation employée par les carriers anglais pour désigner certains calcaires d'un gris bleuâtre dont le lias est en grande partie formé. Outre ces calcaires on y observe des assises de marnes, qui alternent avec les couches calcaires de manière à réduire tout le terrain en une superposition de bancs minces et réguliers qui lui donne dans les coupes naturelles un aspect rubané.

Le nom du *terrain oolithique* vient de ce que beaucoup des couches calcaires qui les constituent sont formées de petits grains pierreux arrondis comme les *œufs* de certains animaux (oòv œuf, et λίθος pierre).

L'origine de ces grains est d'ailleurs dévoilée par des actions en voie actuelle d'accomplissement. Ainsi, dans le lac salé de Texcuco, au Mexique, se trouve en formation, un calcaire marneux renfermant souvent des oolithes identiques d'aspect, de forme et de grosseur avec les oolithes du terrain jurassique. Ce sont des œufs d'insectes recouverts et incrustés ensuite par le sédiment calcaire que déposent journellement les eaux du lac. Ces œufs, qui servent d'aliments aux Indiens, sont pondus par une espèce d'insecte hyménoptère.

Mais ce mode de formation par voie organique est évidemment exceptionnel, et nous pouvons observer un

autre phénomène beaucoup plus général qui nous met
parfaitement en mesure d'expliquer la texture oolithique.
Ce phénomène est celui qui donne naissance aux *con-
fetti* de Tivoli, aux *dragées* de Carlsbad, aux *calculs* de
Saint-Philippe en Toscane, etc.

Ces diverses dénominations sont affectées à des corps
présentant la structure caractéristique des oolithes et se
formant dans les eaux incrustantes, dans les points où
elles sont en mouvement. Le carbonate de chaux charrié
par ces eaux se dépose sur les petits corps ballottés au
milieu du liquide ; mais le dépôt cesse dès que les corps
qui servent de centre d'attraction à la substance incrus-
tante sont trop volumineux pour se maintenir dans le liquide et tombent au fond. Par suite du mouvement auquel obéit une oolithe pendant qu'elle est dans l'eau, le
carbonate de chaux se répartit uniformément à sa surface. Le mouvement est favorisé soit par l'agitation
de l'eau, soit par les bulles d'acide carbonique qui, s'accumulant autour de l'oolithe, finissent par fonctionner
comme allège. Elles soulèvent les oolithes jusqu'à la surface de l'eau, puis les laissent retomber en se dégageant
dans l'atmosphère. D'autres bulles les soulèvent de nouveau pour les abandonner encore : phénomène qui se ré-
pète jusqu'à ce que chaque oolithe soit trop pesante pour
être entraînée. On conçoit que le moment où une oolithe
ayant atteint son volume maximum ne peut plus se mou-
voir, soit le même pour les autres ; ainsi s'explique l'uni-
formité des oolithes formées au sein des mêmes eaux et
de celles que renferme une même couche.

Toutes ces explications vous paraissent peut-être un
peu longues, mais elles sont indispensables ; car la
structure oolithique domine pour ainsi dire l'histoire
du terrain jurassique. Il suffit, pour vous en convain-
cre, de voir les noms donnés aux subdivisions principales que tous les géologues y admettent. Elles sont en

effet au nombre de trois et s'appellent : l'oolithe inférieure, l'oolithe moyenne et l'oolithe supérieure.

Toutefois, il faut bien remarquer que toutes les roches
jurassiques sont loin d'être oolithiques : une telle structure
est à peu près exclusivement réservée aux calcaires et
aux couches de minerai de fer, d'ailleurs fort abondantes. D'un autre côté, il y a beaucoup de calcaires jurassiques qui ne sont pas oolithiques. Il suffit de citer la *pierre
lithographique* que vous avez tous vue et qui est, comme
vous savez, absolument compacte. Il n'est peut-être pas
inutile d'ajouter encore qu'on trouve des roches oolithiques dans beaucoup d'autres terrains.

Le terrain jurassique fournit à l'industrie un certain
nombre de substances utiles. Nous nous bornerons à
mentionner les belles pierres à bâtir dont nos monuments parisiens les plus récents, ponts, fontaines, etc.,
offrent des exemples ; — les ciments hydrauliques et les
minerais de fer.

Comme ciments, vous connaissez de réputation ceux
de Vassy, de Boulogne, de Portland. Ils sont fournis par
la cuisson pure et simple de calcaires argileux dépendant
du terrain jurassique. L'immense mérite de ces ciments,
d'où leur vient leur nom d'*hydrauliques,* est de devenir
d'autant plus durs qu'ils séjournent plus longtemps dans
l'eau, de façon qu'ils sont tout désignés pour les travaux
à la mer, tels que les jetées de nos ports.

Prenez un peu de ciment hydraulique que l'on vend en
poudre très fine et gâchez-le avec de l'eau, en consistance
de pâte. Si vous en faites une boule que vous immergiez
dans l'eau, vous la verrez en très peu d'instants devenir
tout à fait solide à la façon du plâtre, et si vous l'aban-
donnez pendant six mois, vous la trouverez transformée
en véritable pierre, assez dure pour faire feu au briquet.

On donne souvent aux ciments hydrauliques le nom
de *ciments romains* parce qu'ils se rapprochent par leur

composition de ceux dont les Romains ont fait usage dans l'édification des constructions qui sont parvenues jusqu'à nous.

Comme minerai de fer du terrain jurassique, il faut citer les couches d'oligiste compacte rouge, tachant les doigts à la manière de la sanguine, que l'on exploite dans l'Ardèche, aux environs de la Voulte et de Privas. Le minerai y constitue un puissant amas qui forme en réalité deux couches très analogues entre elles mais n'occupant pas exactement le même niveau. La couche de Privas est constituée sur une épaisseur de 8ᵐ,50 par du minerai massif rendant 42 p. 100 de fer, en moyenne, ce qui est le signe d'une pureté presque parfaite. Dans le gisement de la Voulte la puissance du minerai s'élève à 14 mètres ; mais elle est divisée en trois couches par des roches stériles. Les deux gisements de la Voulte et de Privas produisent par an 250,000 tonnes de minerai qui alimentent une quinzaine de hauts fourneaux.

Outre le minerai rouge, le terrain jurassique présente dans une foule de points un minerai de fer jaune, ordinairement oolithique et qui est, par exemple, exploité avec une très grande activité dans l'est de la France, dans le département de Meurthe-et-Moselle, à Poix dans les Ardennes et à Maugiennes dans la Meuse.

Terrain crétacé.

Nature de la craie. — Le terrain crétacé doit son nom à la présence de la craie (en latin *creta*), roche qui constitue la majeure partie de plusieurs couches importantes. Le type de la craie sera pour nous le *blanc d'Espagne* que l'on exploite par exemple à Meudon et qui, outre les emplois domestiques qu'on en fait journellement, sert, en mélange avec de l'argile, à la fabrication d'excellent ciment hydraulique.

La craie, remarquable avant tout par la présence d'innombrables carapaces d'animalcules microscopiques, ne forme pas à beaucoup près tout le terrain crétacé. Celui-ci comprend en abondance des calcaires de tous genres, parmi lesquels on peut citer de très beaux marbres noirs, blancs ou d'autres couleurs exploités par exemple dans les Pyrénées et en Grèce. On y trouve aussi des argiles, des sables et des grès, c'est-à-dire les principales roches entrant d'habitude dans la composition des terrains stratifiés.

C'est encore au terrain crétacé qu'appartiennent des gisements fort importants de la roche qui représente le minerai le plus exploité de l'aluminium. Cette roche appelée *bauxite* est commune dans certains points du midi de la France ; elle consiste en alumine colorée souvent par un peu d'oxyde de fer.

Nodules de silex, de pyrite, de phosphate de chaux. — Un trait caractéristique de beaucoup de substances minérales appartenant au terrain crétacé, est de se présenter au sein des couches calcaires sous la forme de blocs arrondis plus ou moins gros auxquels conviennent les noms de *nodules* et de *rognons*.

Vous connaissez déjà les *nodules de silex* si fréquents dans la craie blanche et nous avons vu qu'ils fournissent la substance des couches de galets si abondants aux pieds des falaises de la haute Normandie. Ils forment à divers niveaux de nombreuses couches sensiblement horizontales, visibles même de loin à cause des contrastes de leur couleur sombre avec la blancheur de la craie.

Quand on les casse, on constate que le silex est une matière fort dure, compacte, faisant feu sous le choc de l'acier, et présentant parfois une structure rubanée à la manière des agates. Au milieu de certains rognons de silex existe un vide tout tapissé de cristallisations brillantes. Les cristaux sont du quartz hyalin, substance qui vous est bien connue depuis longtemps.

On s'assure que les rognons de silex se sont formés petit à petit au sein des couches de craie déjà constituées. Il suffit pour cela de remarquer que des fossiles, coquilles, oursins, etc., sont souvent empâtés, partiellement ou complètement, dans la substance siliceuse.

C'est avec les silex de la craie qu'on a longtemps fabriqué les pierres à fusil et les pierres à briquet. C'est aussi avec eux que nos premiers ancêtres faisaient leurs armes et leurs outils, haches, couteaux, poinçons, qu'on retrouve aujourd'hui dans tant de localités.

Une seconde sorte de rognons très fréquents dans la craie consiste en boule ou en cylindres à surface ocreuse et toute irrégulière et à cassure rayonnée et métallique. La nuance jaune clair de ce minerai conduit bien souvent les ignorants à y supposer un minerai d'or ; et un préjugé très répandu dans les campagnes est d'y voir des matériaux apportés sur la terre par le tonnerre. En Champagne, comme en Normandie, on l'appelle du nom complètement inexact de *pierres de foudre*.

Le fait est qu'il s'agit simplement de *pyrite* ou bisulfure de fer qui a cristallisé au milieu même de la roche crayeuse où ses éléments constituants se sont infiltrés en dissolution sous forme de sulfate. La pyrite, quand elle assez abondante est recherchée, comme minerai d'acide sulfurique. Il suffit pour en retirer ce précieux produit, de soumettre la pierre à une distillation convenable.

Nous mentionnerons enfin des rognons exploités à divers niveaux des terrains crétacés comme riches amendements agricoles. Ils sont constitués par du phosphate de chaux, et dans le commerce on les désigne souvent sous le nom tout à fait impropre de *coprolithes*. Vous vous rappelez que dans le terrain jurassique, nous avons signalé de véritables coprolithes, c'est-à-dire des excréments fossilisés. On les reconnaissait à leur forme

extérieure en même temps qu'à la présence dans leur
masse de débris représentant des résidus de digestion.
Ici rien de semblable ; le phosphate de chaux crétacé est
sensiblement homogène, et la forme des rognons est tout
à fait irrégulière en même temps que leur volume est prodigieusement variable.

Il est facile de distinguer à première vue deux niveaux
de ces rognons. L'un qui appartient aux couches crétacées
les plus anciennes est noirâtre et contient beaucoup d'ammonites fossiles, en même temps que des débris de bois
et des pommes de pin ; — l'autre est presque blanc et
paraît beaucoup plus pauvre en vestiges organiques,
d'ailleurs tout différents des précédents.

Parmi les localités où l'on exploite des phosphates crétacés, on pourrait citer un grand nombre de départements
français et en première ligne celui des Ardennes. Auprès
de Mons (Belgique), la localité de Ciply fournit également
la précieuse substance en abondance.

CHAPITRE III

Les assises réunies sous la dénomination commune de terrains tertiaires, constituent un ensemble si compliqué qu'il a été indispensable d'y établir des subdivisions. Les plus généralement admises ont reçu du géologue anglais, Charles Lyell, des noms particuliers qui bien que fort défectueux doivent nécessairement entrer et rester dans votre mémoire.

« J'appellerai, dit Lyell, le premier groupe, ou le plus ancien, *éocène*, le second, *miocène*, le troisième, *pliocène*. Le premier de ces mots est dérivé de ἕως, aurore et de χαινὸς récent : en effet, les coquilles fossiles de ce groupe ne comprennent qu'une très petite proportion d'espèces vivantes, et l'on peut le considérer comme indiquant l'aurore de l'état actuel de la faune testacée, aucune espèce récente n'ayant été jusqu'à présent découverte dans les roches secondaires. Le mot *miocène*, de μεῖον moins et χαινὸς récent, exprime une proportion moindre d'espèces testacées récentes. Le mot *pliocène*, de πλεῖον plus et χαινὸς récent, indique un plus grand nombre de ces espèces. » Comme vous voyez, ces dénominations, en grec comme en français, sont d'un sens forcé et incorrect ; mais il faut nous dire que l'usage les a consacrés, et les employer comme on ferait de noms arbitraires quelconques.

Au point de vue des fossiles qu'il renferme, le terrain

tertiaire présente plus d'intérêt qu'aucun autre : c'est en effet celui dont l'étude a révélé pour la première fois l'existence des animaux disparus. La *paléontologie* est née, grâce au génie de notre immortel Cuvier, de recherches entreprises dans les carrières des environs de Paris.

De plus, et ceci est peut-être plus frappant encore, s'il est possible, c'est dans le terrain tertiaire qu'on a trouvé les plus anciens vestiges de l'existence de l'homme sur la terre. Ces vestiges consistent en silex taillés de main d'homme et en os d'animaux fendus pour en extraire la moelle : nous ne nous y arrêterons d'ailleurs pas ici, car nous les retrouverons en abondance dans le terrain quaternaire où il sera beaucoup plus commode de les étudier

Parmi les innombrables fossiles des terrains tertiaires, nous signalerons spécialement un foraminifère, un mollusque et une série de mammifères qui ont pris à l'époque qui nous occupe un développement analogue à celui des reptiles durant les temps secondaires.

Nummulites et cérithes. — Les *nummulites* sont des foraminifères, c'est-à-dire des êtres très inférieurs composés d'une coquille renfermant pendant la vie une substance organique paraissant homogène, c'est-à-dire dépourvue de toute organisation. Leur nom vient de leur forme discoïde (fig. 55) qui rappelle celle de pièces de monnaie (*nummus*). C'est pourquoi on les a désignées parfois sous le nom de *pierres numismales ;* et c'est pourquoi, près de Paris, les ouvriers appellent *pierre à liard* le calcaire qui les renferme. On les dit encore *pierres lenticulaires* parce qu'elles ressemblent à des grains de lentilles et que beaucoup d'entre elles ont une dimension égale à celle de ces grains. Quand on les fend en travers elles montrent une structure en hélice tout à fait remarquable (fig. 56).

La pierre de Laon (Aisne), souvent employée dans les constructions, n'est formée que de nummulites ;

une partie des Pyrénées et toute la chaîne arabique qui longe le Nil en est faite. Dans diverses régions de la haute Égypte le sol du désert ne consiste qu'en un lit épais de

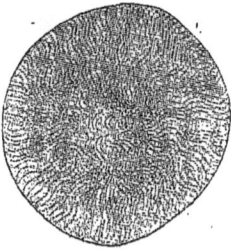

Fig. 55. — Nummulite.

Fig. 56. — Structure interne de la nummulite.

nummulites dans lequel glissent et s'enfoncent les pieds des voyageurs et des chameaux. Le sphynx a été taillé dans un bloc de nummulites. Plusieurs des pyramides, dont les matériaux ont été empruntés à la chaîne arabique, sont également faits de nummulites. Les siècles en rongeant la surface de ces monuments gigantesques, en ont rassemblé d'énormes masses à la base de ces derniers où elles entravent la marche des visiteurs. A l'époque de Strabon on prétendait que ce n'était que des lentilles abandonnées par les anciens ouvriers et fossilifiées par l'action du temps. Le géographe grec a réfuté lui-même cette tradition grossière.

Fig. 57. — Cérithe.

Sous le nom de *cérithes*, on désigne des coquilles de mollusques gastéropodes, analogues à certaines espèces encore vivantes, mais qui à l'époque tertiaire ont pris un développement très considérable. Beaucoup de couches tertiaires sont littéralement pétries de cérithes, et c'est le cas spécialement pour des couches de pierre à bâtir exploitée autour de Paris. Les cérithes tertiaires se répartissent entre des espèces extrêmement nombreuses. L'une des plus remarquables est le *cérithe géant* dont nous avons déjà parlé (page 44) et qui atteint près de 80 centimètres de longueur. On en recueille des moulages internes auprès de Paris et des tests entiers autour de Reims. La figure 57 représente une autre espèce de cérithe.

Mammifères. — Dans les terrains que nous avons précédemment passés en revue, les mammifères n'apparaissaient que comme des exceptions extrêmement rares. Ici au contraire ils constituent l'élément prédominant de la faune et se trouvent du premier coup représentés dans la plupart des ordres qu'on y distingue et par des exemplaires remarquables.

Plusieurs singes pourraient être cités. Nous nous bornerons à mentionner le *mésopithèque* découvert en Grèce. Il offre cet intérêt considérable de constituer un terme de transition tout à fait imprévu entre deux genres de singes complètement distincts de la faune actuelle et désignés sous les noms de semnopithèque et de macaque. Semnopithèque par la tête, le singe tertiaire est macaque par les membres et même avec des nuances qui, jusque dans les parties par lesquelles il tient le plus étroitement à l'un ou à l'autre de ces deux genres, rappellent encore le genre dont il s'éloigne : ainsi sa tête est un peu plus massive, ses dents sont un peu plus fortes que celles du semnopithèque, en quoi il se rapproche un peu du macaque; et ses membres sont un peu moins lourds que ceux du macaque, en quoi il se rapproche un peu du semnopithèque.

Parmi les carnassiers, l'un des plus remarquables que la terre ait jamais nourri est le *Machairodus cultridens* (fig. 58). Il est bien plus grand que tous les carnivores

actuels ; son nom rappelle la forme extraordinaire des
énormes canines supérieures qui simulent des lames de
poignard.

Les ruminants étaient abondamment représentés à l'é-
poque tertiaire. Le *Sivatherium*, par exemple, était un
cerf grand comme un éléphant.
Il présentait sur le front quatre
bois dont deux naissaient du
sourcil entre les orbites et s'é-
cartaient l'un de l'autre, et dont
les deux autres, plus courts et
plus massifs, ont dû être posés
sur des protubérances très sail-

Fig. 58. — Crâne du Machairodus.

lantes que présente le crâne. Jusqu'ici cet animal
étrange n'a été rencontré que dans les couches tertiaires
des monts Sivaliks, l'un des contreforts de l'Himalaya.
Son nom est tiré de celui d'une idole (*Siva*) adorée dans
cette partie de l'Inde.

Mais c'est aux pachydermes que revient sans conteste
d'avoir constitué la majeure partie de la faune mammifère tertiaire, et c'est précisément en étudiant les débris
des pachydermes fossiles de Montmartre que Cuvier a
créé la paléontologie. A tous ces titres il convient de citer quelques-uns de ces animaux.

L'*Anoplotherium* (fig. 59), que Cuvier considérait comme
ayant à la fois des affinités avec les rhinocéros, les chevaux,
les hippopotames, les cochons et les chameaux, est extrêmement abondant dans les carrières à plâtre des environs de Paris. On a même extrait de celles-ci des squelettes presque entiers, et l'on a été assez heureux pour y
trouver le moule en pierre du cerveau de l'animal qui
nous occupe, cerveau dépourvu de circonvolution.

La hauteur du garrot de l'anoplotérium est assez considérable. Suivant la description de Cuvier : « elle pouvait
aller à plus de trois pieds et quelques pouces (environ

1 mètre). Ce qui distinguait surtout l'animal, c'était son
énorme queue. Elle lui donnait quelque chose de la sta-
ture de la loutre, et il est très probable qu'il se portait
souvent, comme ce carnassier, sur et dans les eaux. Mais
ce n'était sans doute pas pour pêcher : notre anoplotherium était herbivore ; il allait donc chercher les racines

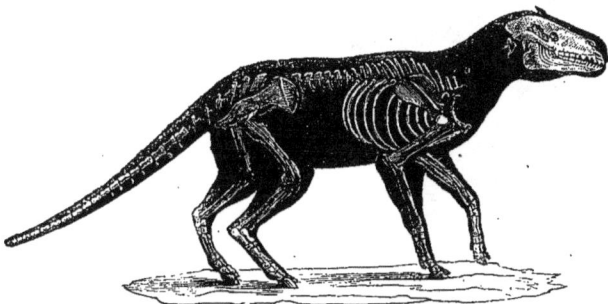

Fig. 59. — Anoplotherium.

et les tiges succulentes des plantes aquatiques. D'après
ces habitudes de nageur et de plongeur, il devait avoir le
poil lisse comme la loutre ; peut-être même sa peau était-
elle demi-nue. Il n'est pas vraisemblable non plus qu'il
ait eu de longues oreilles qui l'auraient gêné dans son
genre de vie aquatique ; et il devait ressembler à cet
égard à l'hippopotame et aux autres quadrupèdes qui
fréquentent les eaux. Sa longueur totale, la queue comprise, était au moins de huit pieds. La longueur totale de
son corps était à peu près la même que celle d'un âne
ordinaire, mais sa hauteur était un peu moindre. »

Le *Xiphodon* (fig. 60), grand comme un chamois, était
aussi svelte, aussi léger que la plus élégante gazelle. Sa
course n'était point embarrassée par une longue queue ;
mais, comme tous les herbivores agiles, il était probablement un animal craintif, et de grandes oreilles mobiles

comme celles du cerf l'avertissaient du moindre danger.
Nul doute que son corps ne fût couvert de poils ras;

Fig. 60. — Xiphodon.

et par conséquent, il ne manque que sa couleur pour le
peindre tel qu'il animait les paysages tertiaires.

Le *Palæotherium* (fig. 61) est encore une des grandes découvertes de Cuvier. C'était un des animaux les plus ré-
pandus à l'époque où se déposaient les plâtrières des environs de Paris. Un squelette tout entier découvert il y a peu
d'années à Vitry-sur-Seine, montre que cet animal était
grêle, d'un port fort élégant, dont l'encolure était encore
plus allongée que celle du cheval, et qui semble assez exactement modelé extérieurement sur le même type que le
lama. Il est possible que, comme le tapir, le palæothérium
ait eu une petite trompe. Le palæotherium se rapprochait
aussi du rhinocéros par divers caractères et notamment
par ses pieds divisés tous les quatre en trois doigts. Les
palæotheriums vivaient en troupes nombreuses sur les rivages des fleuves et des lacs.

Le mastodonte (fig. 62), animal à trompe comme
l'éléphant et d'une taille à peu près égale à celle de ce

dernier, en diffère par la forme de ses dents molaires qui
sont hérissées de pointes ou mamelonnées, et c'est ce

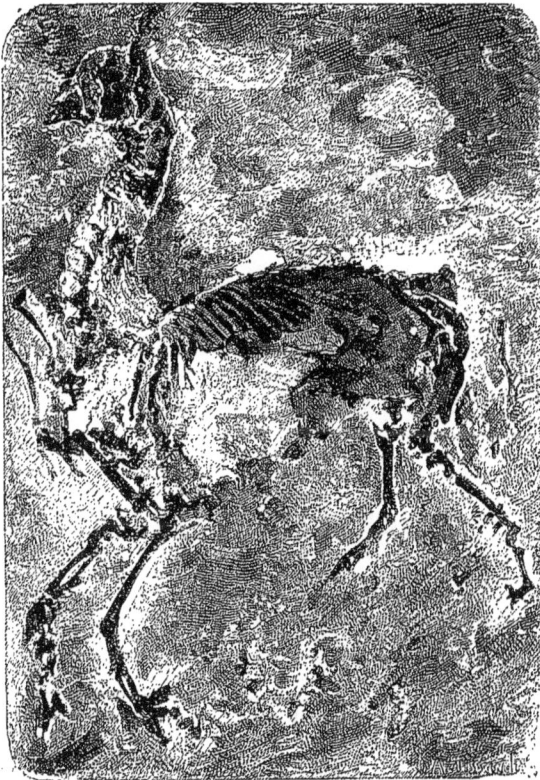

Fig. 61. — Squelette du Palæotherium.

qu'indique son nom (μαστός, mamelon) qui lui a été donné
par Cuvier.

Le dinotherium (fig. 63), dont le nom signifie *bête ter-
rible*, est plus grand encore que le mastodonte. La forme

bizarre de sa tête l'a rendu célèbre parmi les naturalistes.
La hauteur de cet animal, prise au garrot, paraît avoir
été de 4ᵐ,50, c'est-à-dire notablement supérieure à celle de
l'éléphant. Il avait une trompe et, à la mâchoire inférieure, deux fortes dé-
fenses retournées vers le
bas et dont il devait se
servir comme d'une dou-
ble pioche.

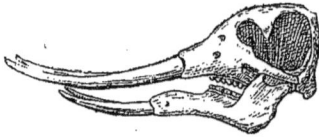
Fig. 62. — Crâne de Mastodonte.

*Pierre à plâtre de Pa-
ris.* — Au point de vue
des roches qu'il contient le terrain tertiaire est extrêmement varié. Le terrain éocène, qui constitue en majeure
partie le sol des environs de Paris et que pour cela on
désigne souvent sous le nom de *terrain parisien,* offre successivement à l'observation,
en allant de bas en haut : 1° de
très puissantes couches d'*argile plastique,* ou terre glaise
renfermant des lits de sable et
des couches de grès et dans
quelques régions des dépôts
exploitables de lignite ; 2° une
nombreuse série de couches
de calcaire dont les principales sont réunies sous le nom
de *calcaire grossier* et qui
fournissent en immense quan-

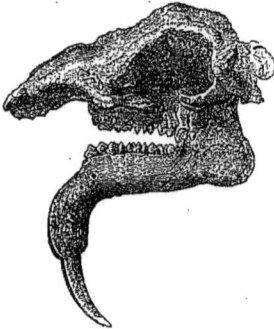
Fig. 63. — Crâne de Dinotherium.

tité d'excellents matériaux de construction ; les catacombes
de Paris ne sont rien autre chose que d'anciennes carrières
de calcaire grossier exploitées autrefois pour la pierre à
bâtir ; 3° enfin des couches de *gypse* ou pierre à plâtre qui
fournit comme vous savez l'un des éléments les plus
utiles de nos constructions.

Considéré dans sa composition chimique, le gypse

est du *sulfate de chaux bihydraté*. Le cuisson lui fait perdre son eau, et si, après l'avoir pulvérisé, on le *gâche* alors
avec ce liquide, il s'hydrate de nouveau et en même
temps se *prend*. C'est sur cette propriété qu'est fondé
l'usage qu'on en fait en architecture. Pendant la *prise* le
plâtre augmente légèrement de volume et c'est ce qui le
rend éminemment propre au *moulage*, car il pénètre en
se durcissant dans les anfractuosités les plus délicates
des moules.

Dans une même carrière le gypse peut affecter des
états fort différents. Ordinairement il est finement gre-
nu, *saccharoïde*, comme on dit, pour rappeler qu'il a
la structure du sucre. Parfois il est en cristaux assez
volumineux serrés les uns contre les autres, avec une
couleur blonde spéciale ; il constitue alors le *grignard*
ou *pieds d'alouettes* des ouvriers. Enfin on le rencontre
en énormes lentilles présentant un sillon sur tout un
côté du pourtour de sorte qu'en la brisant suivant un
diamètre, on produit une section dont la forme est celle
d'un *fer de lance*. Le gypse est alors remarquable par sa
propriété de se cliver en lames extrêmement minces et
qui s'irisent souvent des nuances les plus vives.

Enfin il faut mentionner auprès de Paris certaines couches de gypse compacte à cassure cireuse entrant dans
la catégorie des roches connues sous le nom d'albâtre.

Les couches de gypse parisien alternent à maintes reprises avec des lits de marnes dont une variété est connue sous le nom de *savon de soldat*, à cause de sa propriété d'enlever les taches de graisse sur le drap.

On pense que le gypse a été amené des profondeurs
du globe par des sources minérales dont les produits
venaient se stratifier au fond des lacs voisins de la mer
et susceptibles d'être de temps en temps envahis par les
eaux marines. On explique ainsi la nature si spéciale de
la roche, la présence des ossements d'animaux terrestres,

et l'alternance plusieurs fois répétée de coquilles d'eau
douce (cyclades, planorbes, lymnées) et de coquilles
d'eau salée (cérithes, lucines, etc.).

Faluns de Touraine et d'Aquitaine. — Vers le milieu de
l'épaisseur de la formation tertiaire, on rencontre en
Touraine et dans le Bordelais de grandes accumulations
de sables extrêmement remarquables par l'abondance
des coquilles. On désigne ces sables sous le nom de *faluns*, et ils sont activement exploités comme amendements
agricoles. Les coquilles en effet consistent, comme vous
savez, en carbonate de chaux mélangé d'une proportion
fort notable de phosphate de chaux, et le phosphore est
d'une utilité capitale pour le développement des plantes.

Volcans éteints de l'Auvergne. — C'est de l'époque tertiaire que date l'un des traits les plus extraordinaires de
la géologie de la France : la formation de toute une chaîne
de volcans sur notre plateau central. Ces volcans sont
éteints, c'est-à-dire qu'ils ne manifestent plus les phénomènes éruptifs, mais certains d'entre eux ont conservé
une structure absolument identique à celle des montagnes volcaniques actuellement actives. Tels sont avant
tout les *Puys* des environs de Clermont-Ferrand (fig. 64).

Au nombre de plus de cinquante, ils sont alignés presque géométriquement suivant le méridien. Les plus
parfaits, comme le Puy de Pariou, présentent une montagne conique, constituée de haut en bas par des matériaux
ébouleux connus des Italiens voisins du Vésuve sous le
nom de *lapilli* (petites pierres) et évidée au sommet d'un
très large *cratère* en forme de coupe. Souvent le cratère
ne subsiste plus entièrement ; effondré d'un côté par le
poids de la lave qui s'y était accumulée lors de l'éruption,
ils ont affecté la forme caractéristique du Puy de la
Vache, de celui de Lassolas et de bien d'autres auxquels
les habitants ont infligé le nom de *montagnes égueulées*.

Du pied de chaque volcan part une coulée de lave et

celle-ci avec des dimensions très variables suit la déclivité du terrain. Sa surface est raboteuse et inculte ; déjà
nous avons dit qu'elle porte le nom de *cheire* (V. page 32).

Il est arrivé à plusieurs reprises que des coulées de
volcans différents se soient rencontrées et recouvertes
mutuellement. Elles ont souvent disputé le fond des
vallées aux rivières qui ont dû se creuser un nouveau lit
dans leur substance. C'est ainsi que l'Allier, la Sioule et
bien d'autres cours d'eau ont, en certains points, des

Fig. 64. — La chaîne des Puys d'Auvergne.

berges escarpées de roches volcaniques. Souvent même
la vallée a été définitivement barrée et les eaux accumulées se sont transformées en lacs. Le lac d'Aydat, le lac
de Guéry, le lac Chambon (V. fig. 80), et bien d'autres
ont cette origine.

A côté des cratères formés de lapilli dont nous venons
de parler et que le Pariou représente si bien, on rencontre,
en Auvergne, des cavités circulaires extrêmement pro-

fondes, maintenant remplies d'eau et converties en lacs et qui certainement sont des centres de manifestations volcaniques. On les appelle *cratère d'explosion*, à cause de l'origine spéciale qu'on se croit en droit de leur attribuer; le plus beau type en est le lac Pavin, auprès de Besse.

Toutes les montagnes volcaniques d'Auvergne ne sont pas des volcans à cratères.

Le Puy de Dôme, le Sancy, le Clierzou, le Puy Chopine, etc., sont des mamelons trachytiques où l'on ne trouve, ni cratère, ni cendre, ni lapilli, ni lave.

Gergovie, les côtes de Clermont, etc., sont constituées par des alternances de calcaire d'eau douce, de basalte et de conglomérat basaltique.

La Roche Sanadoire, le Griou, sont formés de phonolithe.

Le Plomb du Cantal est de basalte de haut en bas.

On est parvenu à se rendre compte de l'origine de ces diverses catégories de montagnes. Il est manifeste que les cônes trachytiques ont été poussés des profondeurs à un état de pâte plus ou moins visqueuse, et cela avant les éruptions volcaniques proprement dites. On pense même que les colonnes verticales de roches poreuses dont les pointements représentent l'affleurement ont pu être cause des explosions, en permettant à l'eau superficielle d'arriver par capillarité jusque dans les laboratoires souterrains.

Pour ce qui concerne les montagnes du type de Gergovie, il n'est pas difficile de s'apercevoir qu'elles ne sont que des lambeaux de très anciennes coulées volcaniques représentant le résidu de la désagrégation du sol par les agents atmosphériques.

Enfin les montagnes de phonolithe et de basalte énumérées plus haut sont comme des ruines de grands ensembles volcaniques dont les géologues sont parvenus à reconstituer les traits principaux.

CHAPITRE IV

Les terrains quaternaires sont ceux qui suivent les terrains tertiaires, ou, en d'autres termes, qui sont plus récents qu'eux et qui, par conséquent, leur sont superposés. Ils s'en distinguent d'ailleurs, ainsi que de toutes les autres masses stratifiées, par des caractères, auxquels on les reconnaît souvent à première vue. En effet, ils ne paraissent pas pour la plupart s'être formés par voie pure et simple de sédimentation, et l'on n'y rencontre guère de couches régulières, analogues par exemple, à celles du calcaire grossier. Tout porte à croire qu'ils doivent leur origine à des actions mécaniques puissantes telles que des érosions de roches et des transports de matériaux sur des distances plus ou moins grandes. Aussi donne-t-on bien souvent au terrain quaternaire le nom de terrain d'alluvions anciennes ; cet adjectif étant nécessaire pour le distinguer des alluvions qui se déposent aujourd'hui de toutes parts.

Diluvium. — Souvent on réunit tous les dépôts appartenant à l'époque quaternaire sous le nom de *diluvium*, parce qu'ils ont semblé, d'après ce qui vient d'être dit, dériver d'une *action diluvienne*, et l'on distingue le diluvium *gris* qui est le plus ancien du diluvium *rouge* qu'on trouve au-dessus du premier.

Période glaciaire. — A l'époque qui a succédé à la période tertiaire, d'immenses glaciers aujourd'hui fondus

couvraient une vaste surface des continents. Par exemple,
tout le Jura et toutes les Vosges étaient remplis de glaciers,
comme sont aujourd'hui les hautes régions des Alpes.

On en a acquis l'assurance par la découverte dans ces localités, maintenant si clémentes, de surfaces polies et
striées, de galets striés, de moraines latérales et fron-
tales, et de blocs erratiques. Citons comme exemple particulièrement frappant à cet égard la belle vallée de
Wesserling dans les Vosges.

De même toute la région septentrionale de la Prusse est
couverte de blocs de rochers parfois très volumineux et qui,
d'après leur nature minéralogique et, dans certains cas, d'a-
près les fossiles qu'ils renferment, peuvent être sans peine
rapportés à leur lieu d'origine. C'est ainsi qu'on reconnaît
dans ces blocs les granits et les belles syénites de la Suède
et de la Norwége, et que l'on peut faire, aux portes mêmes
de Berlin, une collection des fossiles siluriens des îles de
la Baltique. Tous ces blocs erratiques, disposés d'ailleurs
en longues traînées venant du Nord, ont été évidemment
charriés par les glaces à une époque où le climat de ces
régions d'ailleurs submergées par la mer était comparable à celui que présente aujourd'hui le nord de la Scan-
dinavie.

On a fait toutes sortes de suppositions pour expliquer
comment la température pouvait, à l'époque quaternaire,
être tellement plus basse qu'à l'époque tertiaire et qu'à
l'époque actuelle. Mais jusqu'ici on n'a rien imaginé de
bien concluant, et nous devons attendre de recherches
futures la lumière qu'il importe de jeter sur ce point.

Le phénomène erratique, en pulvérisant et en charriant
les roches préexistantes, a eu souvent pour résultat de
trier d'après leur densité les minéraux dont elles sont
formées et de concentrer ainsi dans certains lieux conve-
nablement disposés des matières lourdes, pouvant fournir à l'exploitation des résultats avantageux. C'est ce qui

a eu lieu tout spécialement pour l'or et ce qui a donné naissance aux riches *placers* de l'Oural, de la Californie, de l'Australie et d'ailleurs. Les roches aurifères étant démolies par les agents atmosphériques et leurs débris étant charriés par les eaux, les plus légers de ces débris, tels que les grains de quartz, ont été entraînés fort loin, tandis que les plus lourds, en tête desquels se placent les

Fig. 65. — Renne, mammifère quaternaire ayant persisté à l'époque actuelle.

pépites et les paillettes d'or, se sont déposés beaucoup plus près ; la nature a fait en grand ce que les laveurs d'or réalisent dans leurs sébiles.

De plus, les matières les plus fines sont allé dans beaucoup de cas former des atterrissements spéciaux, et c'est ainsi qu'ont pris naissance les couches de limon quaternaire connues sous le nom de *lœss*, de *lehm* ou de *loam* et dont presque toutes les vallées fournissent des exemples. Le lœss de la vallée du Rhin est considéré comme le type de cette formation.

Apparition des animaux et des végétaux actuels. — Les

végétaux de l'époque quaternaire ne diffèrent pas essentiellement de ceux de la flore actuelle, mais correspondent en général pour chaque point du globe à des lati-
tudes plus élevées qu'aujourd'hui. C'est ainsi que dans le
midi de la France on retrouve les vestiges d'une végéta-
tion polaire.

Cependant on observe aussi dans certaines localités des
végétaux quaternaires indi-
quant une température plus
élevée que celle régnant
aujourd'hui et à La Celle,
près Moret(Seine-et-Marne),
des tufs calcaires quaternaires renferment des em-
preintes de figuier.

Beaucoup d'animaux qua-
ternaires, comme le renne
(fig. 65) et l'aurochs, ont
persisté jusqu'à nos jours.

Fig. 66. — Dronte, oiseau de l'époque
actuelle ayant récemment disparu.

Par contre, des animaux
datant du terrain actuel sont en train de disparaître,
comme l'éléphant, ou même ont complètement disparu,
comme le dronte (fig. 66).

*Homme préhistorique; cavernes à ossements; armes et
instruments primitifs.* — L'homme a laissé, à l'époque
quaternaire, un nombre incalculable de vestiges.

Pendant assez longtemps il n'a été connu que par ses
œuvres, mais maintenant nous possédons ses os en nombre immense, parfois même des squelettes entiers (fig. 67).
On les recueille soit dans les couches de diluvium, soit
plus ordinairement dans le sol des cavernes. Beaucoup
de cavernes sont remarquables par le nombre des ossements qu'on en peut extraire. C'est par exemple le cas de
la caverne de Gaylenreuth (fig. 68).

Un des premiers crânes humains trouvés dans le terrain

quaternaire est celui qui fut découvert à Solutré, en Bour-
gogne. Ce crâne était associé, dans une couche non rema-
niée, à des ossements de grands mammifères quaternaires
et l'on doit y voir la tête la plus ancienne peut-être de

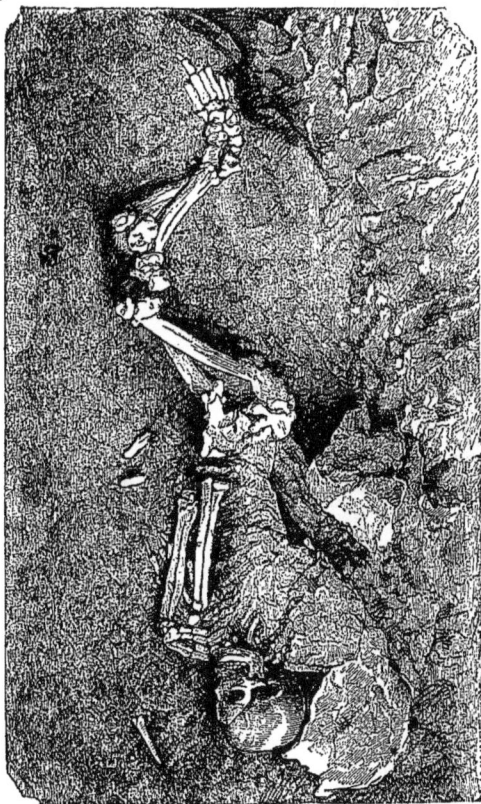

Fig. 67. — Squelette d'homme fossile, datant de l'époque quaternaire et provenant des grottes de Menton.

toutes celles qui soient connues jusqu'à ce jour. Par ses
caractères généraux, cette tête se rapproche beaucoup du
type offert encore aujourd'hui par les Esquimaux, mais elle
en diffère par divers détails. Nous allons voir d'ailleurs que

l'homme qui habitait la France à l'époque quaternaire devait à maints égards ressembler aux Esquimaux, aux Sa-
moyèdes et aux Lapons. On est en effet renseigné dès
maintenant sur une foule de particularités même des plus

Fig. 68. — Caverne de Gaylenreuth dont le sol est très riche en ossements fossiles.

intimes de la vie dans ces temps reculés. Par exemple,
on a découvert plusieurs fois des sépultures renfermant,
outre des ossements, des objets très variés indiquant chez
les peuples qui les avaient déposés auprès de leurs morts

une croyance déjà bien arrêtée dans une vie future et par conséquent dans la Divinité.

L'une des sépultures les plus remarquables au point de vue des objets de tous genres qu'elle a fournis est sans doute celle qui existe à Aurignac, dans le département de la Haute-Garonne.

Près de la ville d'Aurignac, s'élève la colline de Hajales, que les habitants du pays appellent, dans leur patois, *moutagno de las hajales (montagnes des hêtres)*, ce qui semble indiquer qu'elle a été autrefois couverte de hêtres. C'est dans une pente de cette colline qu'en 1842, un terrassier, nommé Bonnemaison, fouillant un terrier à lapins, ramena un os volumineux. Curieux d'approfondir ce mystère, il entama par une tranchée le talus en contrebas du trou et il se trouva, après un travail de quelques heures, en présence d'une grande dalle de grès qui fermait une ouverture cintrée. Derrière la dalle, il découvrit une cavité dans laquelle étaient entassés de nombreux ossements humains. Comme on pense, cette nouvelle ne tarda pas à s'ébruiter. Les curieux affluèrent et chacun chercha à expliquer l'origine de ces restes humains dont la fragilité excessive attestait la prodigieuse vétusté. Les anciens du lieu imaginèrent alors d'évoquer le souvenir, à demi effacé, d'une bande de faux monnayeurs qui avaient exploité le pays un demi-siècle auparavant. Cette enquête populaire fut jugée suffisante et l'on s'accorda à proclamer que la caverne qui venait d'être mise au jour n'était que l'asile de ces malfaiteurs qui faisaient disparaître les traces de leurs crimes en cachant les cadavres de leurs victimes connus d'eux seuls. Le docteur Amiel, maire d'Aurignac, perdant ainsi l'occasion d'une grande découverte, fit réunir tous les ossements, que l'on ensevelit dans le cimetière de la paroisse. Toutefois, avant de procéder à l'inhumation, il constate que les squelettes appartenaient à dix-sept individus. Outre

ces squelettes, on avait encore retiré de la grotte un certain nombre de petits disques ou rondelles percées appartenant à l'espèce *cardium*.

En 1860, c'est-à-dire dix-huit ans après cet événement,
Édouard Lartet passait à Aurignac. On lui raconta les
détails du fait. Après un si long intervalle, personne, pas
même le fossoyeur, n'avait conservé le souvenir de l'endroit précis où les restes humains avaient été jetés dans
le cimetière du village. Cependant, Lartet résolut de
faire exécuter des fouilles dans la grotte même, et il se
trouva bientôt en possession de trésors inespérés.

Le sol de la caverne était resté intact ; il était recouvert
d'une couche de terre meuble mélangée de fragments
de roches. En dehors de la même caverne, Lartet découvrit une couche de cendres et de charbon qui ne pénétrait
pas dans l'intérieur. Cette couche était surmontée de
terre meuble ossifère et de terre végétale. Le sol de l'intérieur de la grotte renfermait des ossements d'ours, de
renard, d'aurochs, de cheval, etc., le tout mêlé à de nombreux débris de l'industrie humaine, débris sur lesquels
nous reviendrons dans un moment. Les fouilles ayant été
poussées plus profondément mirent à découvert des ossements de chat sauvage, d'hyène, de loup, d'éléphant, de
cerf, de rhinocéros. C'était une véritable arche de Noé.
Ces ossements étaient cassés en long, évidemment pour
en extraire la moelle et quelques-uns étaient carbonisés.
On y voyait des stries et des entailles produites par des
instruments tranchants.

A la suite de longues et patientes recherches, Edouard
Lartet acquit la conviction que la caverne d'Aurignac était
une sépulture humaine, contemporaine des grands mammifères quaternaires aujourd'hui disparus et dont nous
décrirons tout à l'heure les principaux.

Depuis cette belle découverte, les trouvailles de même
genre se sont multipliées et l'on a observé la véritable

signification d'une foule de faits observés antérieurement
et que l'on avait mal interprétés. Maintenant on reconnaît
dans l'histoire de l'homme fossile quatre grandes époques
caractérisées à la fois par la situation stratigraphique, les
restes d'animaux éteints et la nature des objets travaillés.

Ces quatre époques s'appellent : 1° l'âge de la pierre taillée ; 2° l'âge de la pierre polie ;
3° l'âge du bronze, et 4° l'âge
du fer, qui amène d'une manière insensible les époques
dont l'histoire ou les traditions
locales ont conservé le souvenir. Les premiers hommes ne
connaissaient point l'usage des
métaux, masqués pour la plupart dans des combinaisons
d'où les extrait l'art du métal-
lurgiste. Au commencement,
ils taillaient dans le silex et
dans quelques autres roches
très dures, les armes et les outils dont ils avaient besoin, et
c'est la gloire de Boucher de
Perthes d'avoir le premier
compris la signification des silex taillés du diluvium (fig. 69).

Fig. 69. — Silex taillé du diluvium.

Ces silex étaient connus des
ouvriers sous le nom de *langues de chat*, mais n'avaient
point attiré l'attention des savants, et il fallut de longues
années pour que Boucher de Perthes fît entrer dans l'o-
pinion de ceux-ci, la notion de la véritable nature de
cailloux si méprisés jusque-là. Maintenant on connaît
de tous les côtés des gisements de silex taillés.

Après s'être servis longtemps de silex à peine ébauchés, les hommes apprirent à les façonner davantage, à les polir. Longtemps les haches polies ont été considérées comme celtiques ; mais pour la plupart elles sont prodigieusement plus anciennes. D'ailleurs l'usage s'en est conservé dans beaucoup de pays sauvages, et les naturels de l'Amérique du Sud et de l'Océanie, par exemple, en fabriquent encore.

En même temps que le travail de la pierre se perfectionnait, l'homme apprenait à utiliser les os des animaux dont la chair lui servait de nourriture et la peau d'habillement. On conserve dans les collections, des poinçons, des harpons barbelés (fig. 70), des grattoirs, et même de déli-

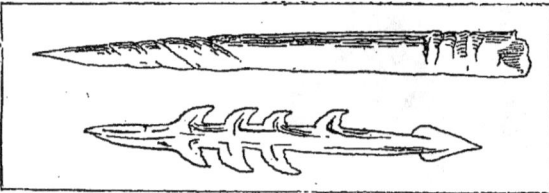

Fig. 70. — Poinçon et harpon barbelé, tous deux en bois de renne.

cates aiguilles à coudre, trouvées dans les habitations quaternaires. Des objets (en bois, en os, en corne), désignés sous le nom de *bâtons de commandement* (fig. 71), portent des sculptures et des gravures qui indiquent déjà une recherche de luxe. Mais ce n'est qu'un exemple des œuvres artistiques de ces temps reculés. La collection du Muséum possède un morceau d'ivoire provenant de la défense d'un éléphant maintenant disparu (le mammouth), sur lequel un artiste de l'âge quaternaire a dessiné avec beaucoup de soin le portrait de l'animal qui l'avait fourni. On y voit tous les détails caractéristiques de cet éléphant, et spécialement sa longue fourrure qui le distingue à première vue des êtres analogues d'aujourd'hui. La figure 72 reproduit un dessin de Renne gravé sur un bois du même animal.

C'est à l'époque de la pierre polie que se rapportent les menhirs et les autres monuments appelés *druidiques*

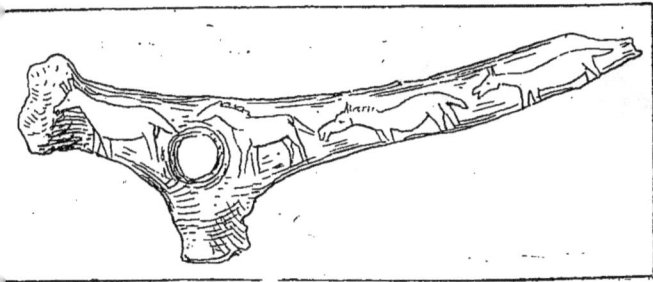

Fig. 71. — Bâton de commandement.

(fig. 73). Cette désignation est tout à fait inexacte ; les Gaulois ont trouvé ces monuments lors de leur arrivée dans l'Europe occidentale, et c'est justement parce qu'ils en ignoraient l'origine qu'ils leur ont attribué un caractère sacré. Il y a d'ailleurs encore aujourd'hui, dans les régions septentrionales des Indes, un peuple qui a conservé les plus antiques traditions et qui construit des dolmens, des menhirs, des cromleks, des allées couvertes, etc., comme nos ancêtres quaternaires.

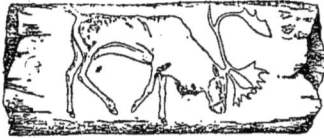

Fig. 72. — Bois de renne portant un dessin de cet animal gravé par un artiste des temps quaternaires.

Les âges du bronze et du fer correspondent probablement à deux irruptions successives de peuples orientaux apportant des connaissances industrielles plus avancées et soumettant sous leur joug les premiers habitants du pays. Les objets (fig. 74 et 75) datant de ces époques sont

extrêmement nombreux et variés ; ils consistent en armes
de tous genres, telles qu'épées, haches, poignards, etc. ; en
outils, parmi lesquels on peut citer les faux, les faucilles,

Fig. 73. — Dolmen ; sorte de monument vulgairement et faussement qualifié de
druidique.

les marteaux, les coins, les scies, les meules de moulins,
les filets pour la pêche, les hameçons, les aiguilles, etc.
enfin en ornements au nombre desquels les colliers, les

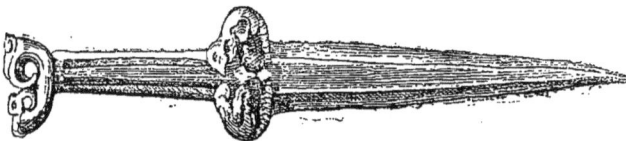

Fig. 74. — Poignard datant de l'âge du bronze.

bracelets, les anneaux, les agrafes, etc., occupent le
premier rang.

On rapporte aux âges du bronze et du fer les habitations lacustres dont les vestiges se retrouvent dans la

plupart des lacs de la Suisse, des Pyrénées, de l'Irlande, etc., et que paraissent reproduire jusque dans
leurs moindres détails les cabanes sur pilotis des sauvages actuels de l'Océanie.

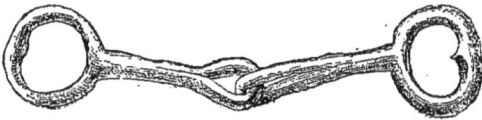

Fig. 75. — Objet datant du premier âge du fer.

En tête des animaux quaternaires se place le grand
ours des cavernes, *Ursus spæleus* (fig. 76). Il était d'un cin-
quième ou même d'un quart plus grand que l'ours brun
actuel et par conséquent ne laissait pas que d'être redou-

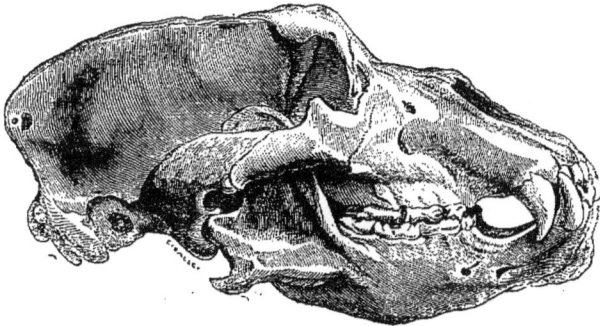

Fig. 76. — Tête de l'ours des cavernes.

table, surtout pour des chasseurs armés simplement de
silex taillés. On en possède beaucoup de squelettes longs
de 3 mètres et hauts de 2 mètres. Cet animal abondait en
France, en Belgique, en Allemagne, etc. ; il était même
si répandu que ses dents ont fait longtemps partie de
l'ancienne matière médicale où on les désignait sous le
nom de *licorne fossile*.

Parmi les édentés la faune quaternaire nous fournit trois animaux particulièrement étranges connus sous les noms de *Glyptodon*, de *Megatherium* et de *Mylodon*.

Le glyptodon (fig. 77) se rapproche du tatou ; c'est en quelque sorte un tatou gigantesque. Comme le tatou, le glyptodon était protégé par une carapace solide osseuse, mais elle n'était pas disposée par bandes comme celles de l'animal qui vient d'être nommé. Les plaques qui la composent ont, vues en dessous, la forme hexagonale et sont unies entre elles par des sutures dentées ; en dessus elles forment des espèces de doubles rosettes. La queue et le crâne étaient couverts d'écailles aussi bien que le tronc. C'est en 1770 que furent découverts au

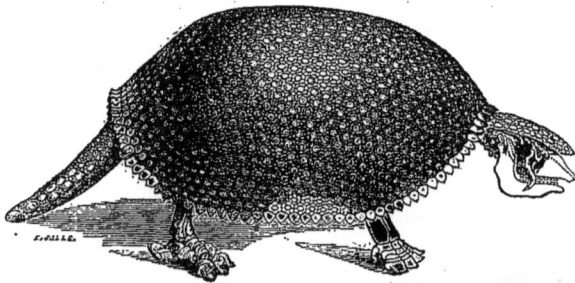

Fig. 77. — Glyptodon.

Brésil les premiers vestiges du glyptodon ; mais ce n'est que longtemps après qu'on en trouva des spécimens complets. Aujourd'hui un squelette entier de ce même animal figure au Muséum. Sa longueur totale est de 3^m,20 ; sa hauteur du sol au sommet des côtes iliaques qui portait la carapace est de 1^m,20.

Le *Megatherium* (fig. 78), dont le nom veut dire littéralement *grand animal*, est en effet le plus grand édenté que l'on connaisse. Son squelette a plus de 3 mètres de haut et plus de 4 mètres de long. On ne le trouve qu'en Améri-

que ; il abonde dans les alluvions quaternaires du Para-
guay. Cet animal fut, à la connaissance des naturalistes,
la plus énorme et la plus puissante machine à fouir le
sol, à broyer et à digérer les racines qui eût jamais existé.

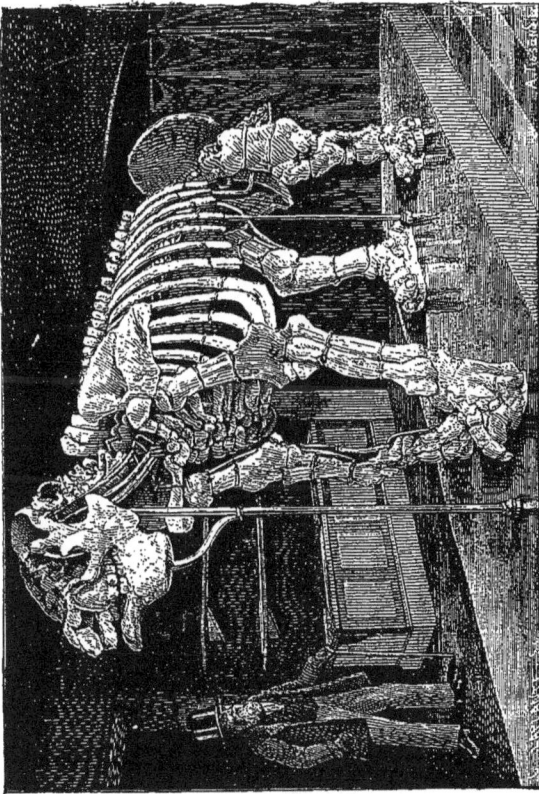

Fig. 78. — Megatherium

Chargées d'arracher les racines, les pattes antérieures
devaient avoir 1 mètre de long et $0^m,33$ de large ! Trois
doigts étaient armés d'ongles énormes ; la peau recou-
vrait les deux autres restés rudimentaires. Le développe-

ment extraordinaire de ses griffes, comme aussi la
grande étendue de l'extrémité inférieure de l'humérus,
qui donnait nécessairement attache à des muscles très
volumineux, montrent avec quelle force cet animal devait
fouiller la terre. Le mégathérium n'était pas un animal
propre à la course, mais, comme le dit Cuvier, il n'avait
besoin ni de fuir ni de poursuivre. Sa taille le mettait à

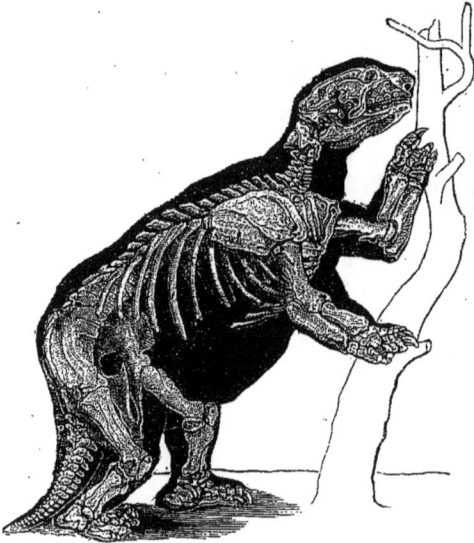

Fig. 79. — Mylodon.

l'abri de bien des attaques et ses griffes formidables, sa
queue longue et pesante, manœuvrée comme une massue,
étaient des moyens de défense suffisants contre les plus
sérieux adversaires.

Enfin le mylodon (fig. 79), beaucoup moins grand que les
précédents, a été découvert avec eux. Ce qui le caractérise
surtout et le signale à notre intérêt, c'est de fournir une

nsition entre les mammifères onguiculés et les mam-
ifères ongulés. Il a en effet à chacune de ses pattes des
iffes comme les premiers et des sabots comme les
conds. En même nombre que celles du mégathérium
s dents du mylodon diffèrent de celles du grand édenté,
ce qu'elles n'étaient pas similaires. Leur surface usée

Fig. 80. — Cerf à bois gigantesques.

plane indique du reste que le mylodon se nourrissait
végétaux, et l'on suppose même qu'il avait une pré-
rence pour les feuilles et les bourgeons ; aussi le
présente-t-on ordinairement dressé contre un arbre
u'il est en train d'effeuiller.

Les ruminants étaient nombreux à l'époque quaternaire,

7.

et déjà nous avons cité le renne d'une manière incidente.
Le cerf à bois gigantesques (*Cervus megaceros*) (fig. 80)
est le plus célèbre de tous les ruminants fossiles. Ses bois
n'avaient pas moins de trois mètres d'envergure. Les
dimensions de la tête n'étaient point en rapport avec
celles de ce gigantesque ornement : la plus grande qu'on
connaisse est moins grosse que celle de l'élan. Le cerf à
bois gigantesques est plus commun en Irlande que partout ailleurs. Un squelette entier découvert dans une
marnière de l'île de Man, marnière remplie de coquillages

Fig. 81. — Mammouth.

d'eau douce, à cinq ou six mètres de profondeur, a montré que ce cerf avait plutôt les dimensions du cerf actuel
que celles de l'élan. Jamais on ne rencontre de têtes
sans bois, ce qui a conduit Cuvier à penser que dans ce
genre, comme dans celui du renne, les deux sexes por-
taient le même magnifique ornement.

Le mammouth (fig. 81), que les savants désignent sous le
nom d'*Elephas primigenius*, c'est-à-dire premier éléphant,
était haut de 15 à 18 pieds. Il était couvert de longs poils
roides et noirs, qui lui formaient une crinière le long du
dos. Ses énormes défenses étaient implantées dans des

alvéoles plus longs que ceux des éléphants de nos jours ;
mais du reste il ressemble assez à l'éléphant des Indes.
Il a laissé des milliers de ses cadavres depuis l'Espagne
jusqu'aux rivages de la Sibérie, et l'on en trouve dans
toute l'Amérique septentrionale. Ses défenses sont encore
si bien conservées dans les pays froids qu'on les emploie
aux mêmes usages que l'ivoire frais, et on en fait un
commerce immense, spécialement dans les glaces de la
Sibérie. Il n'est, en effet, dans toute la Russie d'Asie,
depuis le Don jusqu'à l'extrémité des promontoires des
Tchutchis, aucun fleuve, aucune rivière, sur les rives ou
dans le lit desquels on n'ait trouvé quelques os d'éléphant. Certaines îles de la mer Glaciale sont formées de
ces os autant que de sable et de glace. Mais voici quelque chose de bien plus remarquable : Isbrant-Ides, qui
parcourait en 1692 le nord de l'Asie, rapporte qu'après
toutes les grandes crues des fleuves et des rivières de la
Sibérie, on trouva sur les bords de ces cours d'eau, au
milieu des masses de terre arrachées par eux aux contrées qu'ils traversent, non seulement des dents de
mammouth, mais même des mammouths entiers. « Un
voyageur qui venait à la Chine avec moi, ajoute-t-il, et
qui allait tous les ans à la recherche des dents de mammouth, m'assura avoir trouvé une fois, dans une pièce
de terre gelée, la tête d'un de ces animaux dont la *chair*
était corrompue ; que les dents sortaient du museau
comme celles des éléphants, et que ses compagnons et
lui eurent beaucoup de peine à les arracher aussi bien
que quelques os de la tête et entre autres celui du cou,
lequel était encore comme teint de sang ; qu'enfin, ayant
cherché plus avant dans la même pièce de terre, il y
trouva un pied gelé d'une grosseur monstrueuse, qu'il
porta à la ville de Trogan. Ce pied avait, ainsi que le
voyageur m'a dit, autant de circonférence qu'un gros
homme au milieu du corps. » On conserve au Muséum des

poils et un morceau de peau provenant d'un mammouth
trouvé complet dans les glaces de la Sibérie.

A l'époque quaternaire appartient le rhinocéros ticho-
rhinus, dont le nom spécifique rappelle l'existence d'une
cloison osseuse séparant les deux narines chez cet animal. L'une des découvertes les plus étonnantes qu'on ait
faites est celle d'un rhinocéros de cette espèce, qui fut

Fig. 82. — Dinornis (on a mis un homme à côté pour en montrer la dimension).

trouvé en chair et en os en Sibérie. Suivant le récit du
naturaliste russe Pallas, des Yakoutes chassant dans les
premiers jours de décembre 1771 sur les bords de la Léna
aperçurent sous une roche escarpée le cadavre d'un
animal énorme inconnu dans le pays. Ils le mesurèrent :
la bête avait 3 aunes 3/4 de long ; ils estimèrent sa hauteur à 3 aunes 1/2. A part les pieds et la tête, tout le
corps était dans un état de corruption très avancé. C'est

au mois de mars suivant que Pallas eut occasion de voir quelques-uns de ces restes conservés par l'ordre du gouvernement et qu'il constata leur véritable nature.

Quittant les mammifères, nous nous bornerons à mentionner un oiseau de l'époque quaternaire. C'est le *dinornis*, en français (*oiseaux prodigieux*). Cet animal (fig. 82), propre à la Nouvelle-Zélande, avait plus de 4 mètres de haut, et l'autruche près de lui eût eu l'air d'un poulet.

Le *palaptère* et l'*épiornis* sont d'autres oiseaux compatriotes du précédent. Le dernier est célèbre par ses œufs énormes qu'on peut admirer dans tous les musées.

TROISIÈME PARTIE

ÉTUDE DE LA CARTE GÉOLOGIQUE DE FRANCE
DANS SES TRAITS PRINCIPAUX

Notre pays est un des plus favorisés pour les études géologiques. Tous les terrains dont nous avons précédemment étudié les caractères y sont représentés, et ils caractérisent, quoique avec des importances inégales, des régions particulières.

A ce point de vue la surface totale de la France se répartit de la manière suivante :

Terrain quaternaire..........	10,000 kil. carrés.
— tertiaire.............	150,000
— secondaire...........	195,000
— primaire.............	52,000
— primitif (granit, etc.)..	110,000
— éruptif (porphyrique et volcanique)...	3,000
	520,000

A une foule de points de vue, il y a le plus grand avantage à tracer sur la carte les régions caractérisées par les diverses formations géologiques et il en résulte la *carte géologique* de la France que-vous avez sous les yeux.

Comme vous voyez, on a affecté une couleur spéciale à chacune de ces formations ; et il suffit d'un coup d'œil pour reconnaître qu'elles ne sont pas distribuées au hasard.

Avec un peu plus de soin nous reconnaîtrons qu'il y a

des liens évidents entre la nature géologique des grandes
régions et leurs caractères topographiques. Ainsi la
grande zone granitique, teintée en rose dans le centre de
la France correspond au relief considérable de notre plateau central. De même vous reconnaissez des zones lon-
gitudinales de ces mêmes roches granitiques parallèlement à l'axe des grandes chaînes montagneuses, Alpes et
Pyrénées. Dans les Vosges, où l'assise primitive ne joue
pas un rôle aussi important; on voit aussi, par les nuances
de la carte géologique, que les formations sont orientées parallèlement à la chaîne.

Cette même régularité se retrouve encore à un degré
plus ou moins marqué dans des régions moins accidentées ; et c'est ainsi que Paris se trouve entouré, de
séries concentriques de collines appartenant à des âges
géologiques différents et qui constituent autour de notre
capitale comme autant de circonvolutions successives.

A ce point de vue il est impossible que parmi les
zones colorées dont la carte est couverte, vous ne dis-
tinguiez pas les bandes bleues qui traversent toute la
France. Elles représentent le terrain jurassique dont les
affleurements dessinent à la surface de notre pays, un ré-
seau que deux géologues célèbres, Élie de Beaumont et
Dufrenoy, comparent à un x couché (∾) ou à un 8 de chiffre
dont la boucle supérieure serait incomplète (8).

Ce qui se voit tout d'abord, c'est une large bande qui
prend toute la France en écharpe depuis La Rochelle
jusqu'à Belfort et qui divise notre pays en deux contrées,
l'une septentrionale et l'autre méridionale.

A son extrémité orientale cette bande jurassique se divise en deux larges bras dont l'un, dirigé vers le nord
depuis Tonnerre jusqu'à la frontière au delà de Nancy,
constitue le sol de la Lorraine ; tandis que l'autre arrivé
en sens inverse de Montbelliard à Belley caractérise la
chaîne montagneuse du Jura.

Fig. 83. — Les falaises de la mer Sauvage.

Les affleurements du terrain jurassique divisent le sol
de la France en régions très nettement visibles même de
loin et qui pour la région septentrionale sont : la presqu'île de Bretagne avec la Basse-Normandie ; le bassin de
Paris et de Tours ; les Ardennes ; les Vosges ; — et
pour la région méridionale, le Plateau central, les Alpes,
l'Aquitaine, la Provence et les Pyrénées.

Indiquons-en rapidement les caractères les plus
saillants.

1° Bretagne et Basse-Normandie.

Un coup d'œil sur la carte nous montre que ce qui domine dans cette région naturelle, ce sont les roches primi-
tives, granit, gneiss, micaschiste, supportant des lambeaux
plus ou moins considérables de terrain primitif, cambrien,
silurien, devonien et carbonifère. Le micaschiste et le gneiss
constituent une large zone le long des côtes depuis Les
Sables-d'Olonne (Vendée) jusqu'à Douarnenez (Finistère),
puis de Brest, jusqu'à Saint-Malo (Ille-et-Vilaine), c'est lui
qui donne aux falaises de la Basse-Bretagne leur caractère
si pittoresque (fig. 83). Le granit apparaît sous la forme
d'une série de pointements dont un énorme existe autour
de Parthenay et de Bressuire tandis que d'autres sont
alignés de l'est à l'ouest depuis Alençon jusqu'à Brest.
Cette même roche existe au nord de la presqu'île du
Cotentin, auprès de Barfleur.

Les couches stratifiées les plus anciennes, cambriennes,
siluriennes et dévoniennes, s'étalent sur une vaste surface pentagonale irrégulière dont les cinq sommets sont
à peu près le cap de La Hague, Avranches, Brest, Angers
et Alençon. Les roches qui les constituent sont très variées
d'un point à l'autre et les types dominants sont des ardoises et des quartzites. Les ardoises sont un des éléments de prospérité du département de Maine-et-Loire.

A la partie supérieure du terrain dévonien de la Loire-Inférieure on exploite des couches d'anthracite.

Les formations anciennes de la Bretagne, spécialement à l'ouest de Saint-Brieuc, sont traversées par d'innombrables filons de roches éruptives, souvent de nature dioritique.

Pour compléter cette esquisse rapide, ajoutons qu'on connaît à la surface du sol de cette région un grand nombre de petits bassins tertiaires constitués par des sables remplis de coquilles marines. L'intérêt principal de ces formations récentes, c'est qu'elles se rattachent intimement aux dépôts importants des environs de Tours et de Paris.

2° *Bassin de Tours et de Paris.*

La deuxième des grandes régions que nous avons énumérées est particulièrement bien délimitée. Les formations qui y affleurent appartiennent pour la plupart à l'époque tertiaire.

Dans l'Ouest, c'est-à-dire aux environs de Tours, à l'époque miocène. Ce sont des sables très riches en coquilles marines et que l'on exploite sous le nom de *faluns* pour l'amendement des terres.

. Autour de Paris, c'est l'éocène qui domine, et ce terrain y est représenté d'une manière exceptionnellement complète jusqu'à sa base. Quand on l'étudie, on constate que la capitale de la France se trouve placée au centre d'une série de couches superposées qui se relèvent vers les bords à la manière de cuvettes, emboîtées les unes dans les autres. A mesure qu'on s'éloigne du centre, surtout vers l'est ou vers le sud-est, on voit affluer successivement le bord des cuvettes de plus en plus anciennes et qui datent non seulement des temps tertiaires, mais encore des âges crétacé, oolithique et liasique.

Vous voyez sur la carte combien les affleurements suc-

Fig. 84. — Carrière de craie blanche à Meudon.

cessifs de ces terrains sont réguliers, et leur ensemble

constitue l'un des traits les plus saillants de la géologie
du nord de la France.

Le sol crétacé, après avoir affleuré sur tout le territoire
de la Champagne pouilleuse, plonge sous l'éocène de
Paris où il contient les nappes aquifères qui alimentent
nos puits artésiens, sous le miocène de la Tourraine, et
sous les assises superficielles de Haute-Normandie, pour
reparaître le long de la Manche sous la forme de falaises
verticales, hautes parfois de 100 mètres. On en voit des
affleurements tout près de Paris, à Meudon par exemple
(fig. 84). Dans le Nord la craie recouvre immédiatement
des couches appartenant aux terrains primaires, puis-
qu'elles recèlent les puissants bassins houillers de Valenciennes et du Pas-de-Calais.

Le sol oolithique dessine à la surface un grand croissant qu'on peut suivre depuis Châteauroux jusqu'à Mézières. Il fournit des matériaux de construction très es-
timés et vers la base une couche de minerai de fer qui
nous a occupés plus haut.

Enfin, le sol liasique dessine un étroit liseré autour de
cette région très naturelle mais qui sort largement du
territoire de la France et se prolonge jusqu'à Luxem-
bourg.

3° Les Ardennes.

Dans les Ardennes nous retrouvons des formations fort
analogues à quelques-unes de celles qui constituent le sol
de la Bretagne. Il s'agit des assises puissantes de terrain
primaire, cambrien, silurien et dévonien. Aux environs de
Fumay, de Deville, de Rimogne on exploite des ardoises
qui sont de qualités égales à celles d'Angers.

Mais l'aspect général des deux pays est fort différent.
Dans les Ardennes ne se montrent nulle part les roches
cristallines fondamentales. Les couches de schistes et

de quartzites sont très fortement pliées et contournées
de façon à déterminer la production d'une véritable chaîne
montagneuse. Celle-ci, au travers de laquelle coule la
Meuse (fig. 85), se lie intimement avec une portion du terri-

Fig. 85. — Les dames de Meuse.

toire belge et constitue l'une des régions les plus pittoresques que l'on puisse voir. On y observe quelques filons de
roches éruptives telles que des diorites et des couches
d'un porphyre spécial (porphyroïde) dérivant peut-être
d'une transformation métamorphique des schistes.

4° Les Vosges.

Le massif des montagnes des Vosges (fig. 86) apparaît
très nettement sur la carte et l'on voit qu'il se compose
de bandes de terrains dirigées parallèlement entre elles
du S.-O. au N.-E.

La bande orientale dans le nord de la chaîne est granitique et, à mesure qu'on revient vers l'est, on trouve que
l'âge des bandes successives est de moins en moins

Fig. 86. — Vue des Vosges.

ancien. C'est d'abord du terrain permien constitué
surtout par des grès grossiers souvent rougeâtres qu'on
appelle *grès vosgien;* ensuite se montre le trias et successivement sous ses trois états de grès bigarré, de muschelkalk et de marnes irisées.

Celles-ci nous amènent insensiblement au lias de la
Lorraine.

En même temps que l'âge du sol change, on constate
que son relief diminue. Vers l'ouest, c'est-à-dire vers la
Lorraine, la pente très douce va en mourant ; vers l'est,
c'est-à-dire vers le Rhin, il y a comme un escarpement
brusque.

Cet escarpement est limité par une faille, parallèle à
la vallée du Rhin et qui a sa contre-partie exacte dans la

faille qui limite sur l'autre rive la forêt Noire. On admet qu'entre ces deux failles toute une bande de l'écorce terrestre s'est abîmée laissant saillantes les deux chaînes de montagnes parallèles et préparant leur cours au Rhin et à ses affluents.

La faille des Vosges a livré passage à des émanations métallifères et tout le long du granite on exploite dans cette région des métaux variés ; du fer à Framont, du cuivre à Saint-Avold, du plomb à Giromagny. En outre on observe plusieurs sources chaudes dont les plus célèbres existent à Plombières et à Luxeuil.

D'ailleurs la communication de la surface avec les laboratoires profonds est attestée par la sortie à diverses époques de roches éruptives. Par exemple on voit de très beaux porphyres à Giromagny, des granits éruptifs et d'autres roches au Champ-du-Feu, du basalte à Raon-l'Étape et de la serpentine à Sainte-Sabine auprès de Remiremont. Dans les mêmes lieux et sur une zone très large les phénomènes métamorphiques se sont très nettement développés.

5° *Plateau central.*

Le plateau central est peut-être la région qui frappe la première le regard quand on jette les yeux sur la carte. Il est représenté, comme vous voyez, par une large tache rose à contour quadrilatère dont les sommets sont voisins d'Avallon (Côte-d'Or), de Valence (Drôme), du Vigan (Hérault) et de Confolens (Charente).

Toute cette énorme surface, de 1,000 mètres environ d'altitude, est constituée par des schistes cristallins et des gneiss, admettant par place des îlots plus ou moins étendus de véritable granit, comme autour de Château-Chinon (Nièvre), de Guéret (Creuse), etc.

Des terrains anciens sont éparpillés à la surface du plateau central et tout spécialement des bassins houillers pour la plupart alignés avec une régularité remarquable suivant la direction N.-E. S.-O.

Parmi ces bassins il faut mentionner à part dans Saône-et-Loire celui de Blanzy dans l'Allier, celui de Commentry, celui de Saint-Étienne et de Rive-de-Gier dans la Loire, dans le Puy-de-Dôme celui de Brassac; dans le

Fig. 87. — Lac de Chambon.

Gard celui d'Alais; dans l'Aveyron celui d'Aubin et de Decazeville.

Dans sa portion la plus orientale le plateau central présente autour de Roanne un grand lambeau silurien encadré par d'énormes éruptions porphyriques qui se prolongent depuis Thiers jusqu'au près de Mâcon.

Vers le nord, le granit présente une sorte de golfe très profond, rempli de sédiments tertiaires d'eau douce. Ce sont des calcaires et des marnes parfois fossilifères, auxquels le Limagne doit sa fertilité traditionnelle. Cette formation s'étend du sud au nord depuis Issoire (Puy-de-Dôme) jusqu'à Decise (Nièvre) et constitue dans cette région le fond des vallées de la Loire et de l'Allier.

Mais nous avons déjà insisté sur le trait tout particulier et l'on peut dire exceptionnel de la région qui nous occupe : la présence de roches volcaniques et même de nombreux volcans à cratère parfaitement caractérisés.

Ces manifestations de l'activité récente en ce pays des laboratoires souterrains sont disposées en trois groupes qui sont : le massif du Puy-de-Dôme et des monts Dore ; le massif du Cantal et le massif du Mezenc ou de la Haute-Loire. On rencontre encore dans l'Ardèche, non loin de Privas, un petit massif volcanique qu'on ne peut passer sous silence.

6° Les Alpes et le Jura.

Dans leur partie française les Alpes présentent un axe formé de roches cristallines de part et d'autre duquel se redressent des couches de moins en moins anciennes à mesure qu'on s'éloigne des plus hauts sommets.

Le Jura, quoique fort différent, peut être considéré, à cause de la conformité de sa direction, comme intimement relié à la chaîne des Alpes, et c'est pour cette raison que nous le décrivons en même temps.

C'est aux Alpes françaises qu'appartient non seulement la plus haute montagne de toute la France, mais la plus haute de toute l'Europe, le mont Blanc. Beaucoup d'autres sommets viennent à sa suite par leur altitude. Le profil de ces montagnes est taillé en scies ou aiguilles. De grands glaciers remplissent les hautes vallées, et leurs torrents alimentent des lacs. Les sommets des Alpes, et celui du mont Blanc en particulier sont constitués par un granite spécial, appelé *protogine* et que

signale tout d'abord la nuance verte de ses variétés principales. En association intime avec lui se succèdent beaucoup d'autres roches cristallines telles que des gneiss, des
micaschistes et des talcschistes. Le tout est recoupé de
filons de roches, porphyre, serpentine et autres, et de
filons métallifères exploitables en quelques points.

Des montagnes très élevées sur les deux versants des
Alpes sont constituées par des roches stratifiées. Le Pel-
voux est jurassique, les Fiz et le Righi sont tertiaires.

Un caractère dominant de la structure des Alpes con-

Fig. 88. — Une vue dans la chaîne des Alpes.

siste dans les actions mécaniques internes dont les roches
y ont conservé les traces. Des sédiments déposés au fond
de mers profondes ont été portés à des milliers de mètres
d'altitude; et, durant ce trajet, leurs strates ont été
redressées, et souvent plissées d'une manière très com-
pliquée. Leur substance en même temps a été comprimée
et laminée de telle sorte que leur pâte est devenue feuil-

letée et que leurs fossiles ont subi des compressions et des étirements. Enfin ces roches ont éprouvé des transformations métamorphiques.

La même cause a amené la disposition à laquelle Saussure a donné le nom de *structure en éventail*, bien visible sur cette coupe du Saint-Gothard (fig. 89).

A ce point de vue, le Jura présente avec les Alpes un contraste complet. Ici plus d'axe cristallin, plus d'injection de roches éruptives et plus de structure en éventail. Le profil est doux et arrondi, et les coupes du sol montrent que toute la région est formée de couches stratifiées ondulées comme si elles avaient subi de fortes compressions horizontales, c'est-à-dire dans le plan même des couches.

Ces couches appartiennent à une zone de terrain secondaire qu'on a qualifiée bien justement du nom de *Jurassique*.

Il faut mentionner entre les Alpes et le Jura l'intéressante formation tertiaire connue sous le nom de *molasse* et qui prend beaucoup plus de développement en Suisse à Lausanne, à Constance, etc.

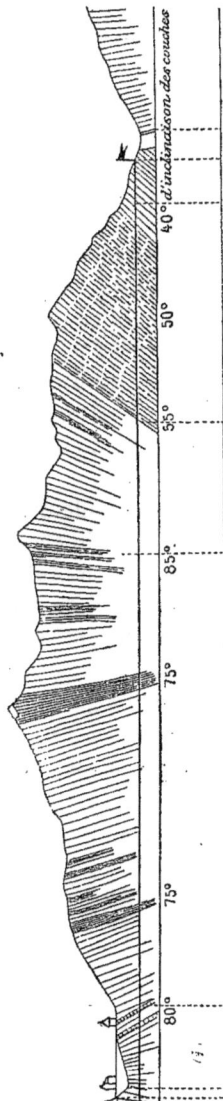

Fig. 89. — Coupe du Saint-Gothard où l'on voit bien la structure en *éventail* de la chaîne des Alpes.

Entre le Jura et le Plateau central se montrent des sables et des limons fort importants, dont l'âge est fixé à la fin de la période tertiaire et qu'on nomme alluvions anciennes de la Bresse, la surface de cette ancienne province en étant en partie formée.

7° La région du sud-ouest.

La région à laquelle nous sommes parvenus offre avec le bassin de Paris des analogies fort intimes. La carte nous montre qu'il s'agit d'affleurements concentriques de terrains tertiaires et de terrains secondaires.

Parmi ces derniers se signale d'abord le mince liséré de trias qui suit tous les contours du plateau central depuis Nontron jusqu'à Rodez, et descend ensuite vers Lodève.

A l'intérieur de cette marge liasique affleurent des couches jurassiques, fort développées à La Rochelle, où l'on recueille beaucoup de fossiles, et qui se prolongent au travers de la Charente, de la Dordogne et du Lot jusqu'à Bruniquel (Tarn-et-Garonne). Ils cèdent la place alors à un massif ancien qui est comme une sorte d'appendice du Plateau central, et où il faut signaler, outre le granit, des bandes siluriennes et de petits bassins triasiques intéressants ; mais ils reparaissent le long des Pyrénées, de Saint-Girons à Argelez.

La bande crétacée située à l'intérieur a plus de continuité. Elle est fort large vers Rochefort, constitue l'île d'Oléron et continue jusqu'au sud de Sarlat. Elle reprend à Narbonne et suit toute la chaîne des Pyrénées jusqu'à Biarritz.

La région que nous étudions est remarquable par le développement des terrains tertiaires dont on trouve les trois grandes subdivisions.

L'éocène, avec des caractères fort approchants des terrains parisiens, apparaît à l'est et au nord de Bordeaux et tout spécialement à Blaye, sur la rive droite de la Gironde. Il faut leur rattacher les dépôts de phosphorite du Quercy.

Le miocène recouvre une vaste surface et fournit en divers points tels que Bazas, Léognan, des faluns tout à fait analogues par les fossiles comme par les caractères minéralogiques aux faluns de la Touraine. Ces dépôts se continuent depuis l'embouchure de la Gironde jusqu'aux rives de l'Hérault et leur affleurement acquiert entre Auch et Cahors une largeur considérable. Dans le Gers et spécialement auprès de Sansan, de Simorre, ils affectent les caractères des calcaires d'eau douce et on y recueille d'innombrables ossements provenant de mammifères terrestres tels que singes, mastodontes, rhinocéros, etc.

Le centre du demi-bassin du sud-ouest est constitué par des sables tertiaires qu'on rattache au pliocène. On les connaît sous le nom de sables des Landes, et ils nous ont précédemment occupé à propos des dunes.

Ces sables continuent à se former de nos jours sans aucune modification importante. Il faut citer comme une particularité intéressante des Landes, l'existence de très nombreux pointements de roches éruptives (*ophite*) en rapport avec lesquels sourdent des sources chaudes comme à Dax, où une station thermale avait été établie par les Romains.

La région du sud-ouest est célèbre aussi entre toutes par les nombreuses cavernes qui s'ouvrent sur les flancs de ses vallées et où l'on a découvert d'innombrables vestiges du séjour de l'homme à l'époque où vivaient des animaux maintenant éteints, comme l'Ours des cavernes et le Mammouth ou émigrés comme le Renne.

8° La région du sud-est.

Le coin sud-est de la France est moins net que les régions précédentes au point de vue de sa structure générale. Resserrée entre le Plateau central, les Alpes et la mer, cette région a grossièrement la forme d'un quadrilatère dont les quatre sommets seraient à peu près Grenoble, Nice, Yères et Montpellier.

Abstraction faite du liséré liasique qui borde vers l'ouest les reliefs du Plateau central, cette région se compose de zones orientées parallèlement entre elles, dirigées du sud-est au nord-ouest et qui sont de plus en plus récentes à mesure que, suivant un trajet perpendiculaire à cette direction, on les étudie du nord-est au sud-ouest.

Cependant il importe de noter avant tout que le granite constitue un pointement important autour de Saint-Tropez, et que le trias encadre cette formation primitive sous la forme d'une large bande qui passe par Toulon, Draguignan et Antibes. A Fréjus, s'est fait jour un volumineux pointement porphyrique.

Mais, à part cet accident, la structure générale de la région sud-est est assez simple. La bande jurassique recouvre une vaste surface, surtout dans les départements des Hautes-Alpes et des Basses-Alpes. Plusieurs localités sont célèbres par les fossiles qu'on y recueille : par exemple, Castellane, Saint-Paul-Trois-Châteaux, etc.

La bande crétacée, fort déchiquetée, va des environs de Montpellier jusqu'à Nice.

Le terrain tertiaire miocène constitue une série d'îlots, parmi lesquels on doit citer ceux d'Aix et de Manosque, ceux des environs de Narbonne, célèbres par ses débris de plantes; d'Apt où l'on exploite du soufre ; le Léberon qui a fourni tout une faune mammalogique des plus intéressantes, etc.

Au sud-ouest de Digne, existe une large zone pliocène. Enfin l'embouchure du Rhône est établie sur des alluvions qui constituent toute la Crau et le delta du Rhône. Une formation semblable existe à l'embouchure du Tet, auprès de Perpignan, et il faut noter comme un trait caractéristi-

que de la région du sud-ouest, les *cordons littoraux* édifiés
par la Méditerranée le long des côtes dont le dessin, originairement déchiqueté, est ainsi rendu très simple et
très régulier.

9° *Les Pyrénées.*

Malgré des différences extrêmement considérables, on
ne peut contester une grande analogie géologique entre
la Bretagne et la chaîne des Pyrénées ; et c'est ce que la
carte montre parfaitement. Des deux points, nous obser-
vons une zone allongée de terrains stratifiés, anciens,
siluriens, dévoniens, etc., au milieu de laquelle sont alignés des îlots granitiques ; et l'analogie se poursuit
jusque dans les pointements de roches dioritiques, appelées ici *ophites* des Pyrénées.

Il y a cependant en outre ici de petites zones triasiques
(grès bigarré) et deux masses symétriques, l'une au nord
et par conséquent en France, l'autre au sud ou en Espagne et qui consistent en terrains crétacé et tertiaire.

En Bretagne, le sol n'est que faiblement ondulé et les
Pyrénées sont de très hautes montagnes (fig. 90), mais
on a dû reconnaître avec certitude que les reliefs bretons
datent d'une antiquité infiniment plus reculée que les
sommets pyrénéens de sorte qu'il est légitime de supposer
qu'ils ont été usés et atténués peu à peu par les agents
atmosphériques, si énergiques, comme nous l'avons dit.

La partie la plus élevée de la chaîne des Pyrénées atteint
et dépasse le niveau des neiges persistantes de sorte qu'on
y observe de très grands glaciers.

On a la preuve que ces glaciers actuels ne représentent
qu'un résidu de glaciers beaucoup plus grands existant
lors de la période quaternaire, et qui ont laissé des traces
éloquentes dans toutes les vallées qui descendent de la
chaîne.

Fig. 90. — La Recluse dans les Pyrénées.

10° *La Corse.*

Il suffira de mentionner en quelques mots la constitu-
tion géologique de la Corse, d'autant plus que cette constitution est fort simple.

A l'ouest d'une ligne sensiblement droite, dirigée du
nord au sud par le milieu de l'île, tout le terrain est constitué de roches granitiques. La moitié orientale est pour
la majeure partie formée de couches crétacées ; mais ces
couches sont traversées d'énormes filons de roches éruptives dont l'étude est des plus instructives. Il faut citer
spécialement de magnifiques serpentins et des diorites.
Deux petits lambeaux miocènes, un dépôt pliocène et des
alluvions récentes complètent les traits géologiques de ce
petit pays.

QUATRIÈME PARTIE

HISTOIRE DE LA FORMATION DU SOL
DE LA FRANCE.

La portion de la surface terrestre qui est aujourd'hui la France n'a pas toujours eu la forme que nous lui connaissons. Les notions de géologie permettent de se représenter jusqu'à un certain point ses différents états lors des périodes successives et nous pouvons par conséquent parvenir à refaire ainsi une sorte d'histoire de notre sol qui, prenant les choses au commencement même de la Terre nous amène progressivement jusqu'au moment présent. Malgré l'incertitude qui nécessairement plane encore sur la restauration de faits aussi anciens, il semble cependant qu'on assiste à une véritable restauration des époques passées.

Bien entendu, au début tout était sous les eaux de la mer primitive, privée d'êtres organisés, au fond de laquelle s'élaboraient des roches variées. Mais la flexibilité de la mince écorce terrestre soumise à de puissants efforts dirigés en tous sens ne tardaient point à pousser quelques lambeaux solides au-dessus du niveau des flots. C'est ainsi que dès l'époque silurienne, c'est-à-dire à l'aurore même des formations stratifiées, nous voyons déjà trois îles interrompre la monotonie de l'Océan dans le périmètre où la France devait se constituer.

Vous les voyez bien ces trois îles sur la carte où les signale la nuance rose attribuée au granit dont elles sont constituées. L'une forme les Côtes-du-Nord, une autre le Morbihan avec la Loire-Inférieure et la Vendée, la dernière le Plateau central.

Ce qui nous permet de croire que ces points étaient des îles à l'époque primaire c'est l'ensemble de deux ordres principaux de remarques : D'abord le granit n'y est recouvert d'aucun sédiment comme en auraient évidemment déposé, les mers géologiques; ensuite, mais bien plus rarement, on trouve sur le pourtour de ces îles des dépôts caractéristiques des rivages : galets roulés et animaux côtiers.

Ce dernier fait-là ne se présente pas toujours et il n'a pas d'ailleurs toute l'importance qu'on a voulu lui attribuer, les mers se déplaçant lentement d'une façon continue et la ligne littorale étant réellement une vaste surface dont chaque segment est d'âge différent que le segment voisin.

Quant au premier, c'est-à-dire au non-recouvrement du granit par des sédiments, il ne faut pas oublier qu'une foule d'actions tendent à dénuder la surface du sol de telle sorte que l'absence actuelle des dépôts marins ne peut pas prouver absolument qu'il n'y en ait jamais eu.

Enfin nous ne saurions manquer d'ajouter que des îles et même de grands continents siluriens peuvent et doivent même avoir disparu par suite du double fait de réalisation constante, de la dénudation et de l'affaissement graduel sous les flots.

Ainsi de tous les côtés il y a incertitude et il importe essentiellement que vous en soyez prévenus : il est bien à tous les points de vue que vous soyez initiés dès le commencement aux difficultés qu'entraîne avec elle la solution des problèmes naturels ; en tous cas, cela vaut beaucoup mieux que de vous faire accepter de confiance de prétendues notions dont il ne restera peut-être rien dans cent ans.

En regardant notre carte géologique vous pourriez être porté à considérer comme étant aussi anciens que ceux cités tout à l'heure, les îlots granitiques des Vosges, des Alpes et des Pyrénées. Ce serait une erreur et nous avons la preuve qu'il ne se sont soulevés au-dessus des eaux que beaucoup plus tard.

Durant toute l'immense période primaire, le fond de la mer dans la région qui nous occupe, au milieu de vicissitudes peut-être nombreuses, a cependant subi un mouvement général d'exhaussement; de telle sorte que la surface de terre ferme est allée en augmentant.

Tout d'abord nous voyons trois îles, bien plus vastes que les précédentes, s'étaler en Bretagne (qui comprend à la fois les Côtes-du-Nord, le Morbihan, la Vendée et la Loire-Inférieure) — en Auvergne — et dans le massif des Vosges et des Ardennes.

En même temps que les mers recevaient des sédiments variés, les continents renfermaient des lacs où s'accumulaient des couches de substances végétales maintenant transformées en houille ; car on connaît à la fois du charbon de terre d'origine marine et du charbon de terre d'origine lacustre. A la surface même du Plateau central ces lacs affectent un alignement bien remarquable du sud-ouest au nord-est. Peut-être une portion des dépôts dont il s'agit se faisaient-ils à l'embouchure de grands cours d'eau.

En tous cas, ce qu'on sait bien c'est que les surfaces de terre ferme devaient être très vastes puisque la houille s'est formée surtout aux dépens de végétaux aériens. Et le terrain houiller fournit des preuves particulièrement éloquentes d'affaissement progressif du sol jusqu'à des centaines de mètres au-dessous de son niveau primitif : par exemple dans le Pas-de-Calais et le Nord. Vous voyez que nous

ne pouvons savoir la forme des côtes des continents carbonifères.

A l'inverse des affaissements, des soulèvements importants datent évidemment de la période primaire; mais,
avant de les énumérer il n'est pas inutile de vous expliquer
comment on peut découvrir l'âge d'une chaîne de montagnes.

On détermine d'abord l'âge des masses dont se compose
la chaîne et comme elles ont été soulevées on est bien sûr
que le soulèvement est *postérieur* aux temps d'où datent
ces masses. C'est donc une première limite que l'on
connaît. — En second lieu on étudie les formations qui
existent à droite et à gauche de la chaîne et progressivement on arrive à des dépôts bien horizontaux c'est-à-
dire ne participant pas à la dislocation dont la chaîne
a été le résultat. Il est évident que ces dépôts se sont
constitués après que la dislocation s'était déjà produite,
ou si vous voulez que le soulèvement est *antérieur* à ces
dépôts.

Donc, l'âge du soulèvement est compris entre celui
des masses qui constituent la montagne et celui des
masses restées horizontales, dans les plaines voisines.

Il est des cas où ces limites sont suffisamment rappro-
chées pour que l'âge du soulèvement puisse être donné
avec beaucoup de précision. Plus souvent l'écart est plus
grand.

Ceci posé, les géologues admettent que les collines de
la Vendée date de l'aurore même des terrains cumbriens ;
celles du Finistère se seraient produites au début des temps
siluriens ; le peu de relief de ces collines tiendrait comme
nous l'avons déjà remarqué à leur grand âge, c'est-à-dire
à l'immensité des périodes durant lesquelles elles ont eu
à subir l'action destructrice des agents externes. Les
ballons des Vosges, la chaîne du Forez (Loire) seraient
contemporaines des formations carbonifères.

D'ailleurs ces soulèvements et ces affaissements, tout lents qu'ils soient dans leur allure générale, déterminent la torsion de parties plus ou moins vastes de l'écorce terrestre, et celle-ci, dépassant parfois la limite de son élasticité, se brise tout à coup de façon à donner naissance à des failles. Pendant les temps primaires les accidents de ce genre furent extrêmement fréquents et c'est de là que datent une foule de filons de roches et de filons métallifères, les deux types comme vous savez de matériaux sortis des profondeurs par les crevasses du sol.

Nos connaissances sur l'histoire de la période primitive de la France ne se bornent pas aux faits qui viennent d'être résumés. Nous savons aussi que le climat était, d'une manière générale, plus chaud qu'à l'époque actuelle et comparable à celui qui règne maintenant dans les régions tropicales.

Ce qui le prouve surtout c'est la nature des végétaux dont les vestiges abondent au voisinage des couches de houille : fougères en arbres et autres plantes analogues à celles qui composent nos forêts équatoriales. On constate qu'une climatologie comparable s'étendait alors jusque sur les régions polaires ; mais il ne faudrait pas croire que la surface entière de la terre participât à cette haute température, et des géologues pensent avoir retrouvé des preuves de l'existence des glaciers pendant les époques primaires.

Ces deux faits de forêts tropicales et de glaciers sont du reste compatibles dans la même région ; à la Nouvelle-Zélande on voit à l'heure qu'il est de grands glaciers apporter leurs moraines jusque sous les ombrages des fougères arborescentes.

Si nous interrogeons maintenant la carte géologique pour nous rendre compte de l'état des choses pendant la période secondaire, nous constaterons, sans perdre de vue les restrictions développées plus haut, et sur lesquelles il n'y a pas lieu de revenir, que la France, entre les dépôts jurassiques et les dépôts crétacés, devait consister surtout en une très grande île, grossièrement triangulaire, dont les trois sommets étaient : la pointe de Bretagne, l'extrémité septentrionale des Vosges et la pointe sud du Plateau central. Cette île était échancrée vers le nord par un très grand golfe, au centre duquel est le point où devait s'élever la ville de Paris. Une partie de la chaîne des Pyrénées était dès lors un peu soulevée au-dessus de la mer.

D'ailleurs, il ne faudrait pas croire que l'émergement de la région triangulaire se soit faite tout d'un coup. En appliquant le procédé dont nous avons parlé pour déterminer l'âge des soulèvements, on reconnaît, par exemple, que l'exhaussement de la chaîne des Vosges est le résultat d'un travail lent et continu, qui contribuait déjà à faire sortir de l'eau le pourtour du grand bassin sédimentaire du Nord de la France, et séparait les formations en relevant les affleurements des dépôts déjà effectués, et rejetant les eaux vers le centre.

Des soulèvements de ce genre séparaient des sortes de lagunes qui, soumises à l'évaporation, et peu à peu envahies par des limons argileux, donnaient naissance aux lentilles de sel gemme avec gypse, que nous avons étudiées dans le trias.

A l'inverse, une portion considérable du sol descendait sous la mer par un procédé identique à celui qui actuellement amène la Manche et les sédiments qu'elle dépose au-dessus de couches crétacées.

Dans le nord de notre pays, il y avait en effet, au commencement des temps secondaires, des montagnes constituées par des formations carbonifères. Elles devaient être fort élevées et fort accidentées, à en juger par les plissements multiples et brusques des couches qui les composaient. Rongées à un certain niveau par la mer crétacée, elles ont subi successivement cette dénudation qui nous a arrêté antérieurement, et qui, en définitive, quoique d'une manière successive, produit le même effet qu'un rabotage énergique. Aussi le terrain carbonifère fut-il rasé de façon que sa surface supérieure est maintenant tout à fait horizontale. Les progrès de la mer qui usaient toujours la falaise, étaient évidemment aidés par l'affaissement progressif du sol, toujours comme sur les côtes de la Manche, de telle sorte que les sédiments crétacés, maintenant connus sous le nom de *tourtia*, et plus généralement de *morts-terrains*, ont acquis une épaisseur considérable. Déjà nous avons insisté sur le contraste de leur horizontalité avec l'allure tourmentée des couches primaires sous-jacentes.

A l'époque secondaire, la mer devait être chaude et comparable, sous ce rapport, à l'Océan Pacifique actuel. Du moins trouve-t-on, dans les dépôts qu'elle a laissés, par exemple dans le Jura, d'immenses récifs madréporiques, tout à fait semblables aux *atolls* contemporains. Peu après commençait le dépôt du limon fin et blanc, connu sous le nom de craie, et qui ne s'est pas interrompu depuis lors, dans les abîmes des Océans profonds, ainsi que l'ont prouvé les sondages récemment exécutés dans l'Atlantique.

Ces phénomènes divers, toujours compliqués de dislocations locales, avec ouvertures de failles, parfois injectées de roches fondues ou encroûtées de dépôts de sources thermales (filons), se poursuivirent de façon à amener vers le commencement des temps tertiaires une configuration toute nouvelle de la portion de terre ferme, qui plus tard est devenue la France. C'était alors une sorte de presqu'île adossée aux Ardennes et aux Vosges, et comprenant le Plateau central, le Poitou, la Vendée, le Maine, la basse

Normandie et la Bretagne. C'est peu après que le sol occupé maintenant par la Flandre, la Picardie, la Champagne, les environs de Paris, la haute Normandie, la Touraine et le midi de la France, sortit des eaux de façon à donner à notre pays à peu près la configuration que nous lui connaissons aujourd'hui, sauf qu'il devait être largement réuni avec le sud de l'Angleterre.

Cependant il s'y fit encore de grands changements, et l'un des plus nets est peut-être celui qui concerne une délimitation toute nouvelle des climats. Jusque-là, la surface du pays avait été trop petite pour qu'on vît une différence bien sensible entre le nord et le sud ; désormais, cette différence sera facilement constatée. Toutefois, la température générale était plus élevée qu'à présent, et la région parisienne était abritée par des forêts de palmiers ; mais en même temps de grands glaciers s'étendaient sur diverses régions : peut-être les environs de Paris, le Cantal, etc.

L'homme apparaît et laisse divers vestiges manifestes de son existence, par exemple à Pouancé et à Thenay, à l'époque miocène ; à Aurillac, à l'époque pliocène.

Impossible de saisir une démarcation nette entre le terrain pliocène et le terrain quaternaire. Le froid augmente et il est possible que le soulèvement complet des Alpes en soit une des causes : les glaciers couvrent le Jura, le Plateau central, les Vosges, la région Pyrénéenne. Les animaux hyperboréens, tels que le Renne, habitent en bandes innombrables les vallées du Périgord, les environs de Paris, et fournissent à l'homme les premiers matériaux de ses industries naissantes. Mais les temps dits quaternaires présentent dans les mêmes lieux plusieurs alternatives de grand froid et de température tempérée, et l'on peut constater en maintes localités, grâce aux moraines et aux blocs erratiques qu'ils ont charriés, un recul temporaire des glaciers.

C'est alors que se produisirent ces dépôts connus sous le nom général de diluvium, et dont l'examen a conduit beaucoup de géologues à croire que la période quaternaire a joui d'un régime tout à fait exceptionnel. C'est là une très grande erreur causée par une illusion facile à comprendre. Seul le terrain quaternaire nous offre, sur une grande échelle, les traînées de dépôts essentiellement continentaux ; mais cela vient de ce que de semblables dépôts n'ont pas pu se conserver depuis les anciennes époques. Ils sont en effet très instables de leur nature, et il leur suffit d'être submergés sous la mer pour perdre rapidement tous leurs caractères. D'un autre côté, si, comme nous y avons insisté, on veut bien accorder à la période quaternaire la très longue durée qu'elle a eue réellement, on reconnaît que les phénomènes de transport dont elle a conservé les traces, n'ont pas été plus énergiques, mais seulement plus prolongés que ceux qui se produisent sous nos yeux, et personne ne peut tracer une limite entre cette époque soi-disant si hors de la règle et le moment présent.

Il faut rapporter à la fin de l'époque quaternaire la séparation actuelle de la France et de l'Angleterre, causée par la corrosion lente des côtes sous l'influence de la mer.

C'est aussi à l'époque quaternaire que se sont déclarés en Auvergne les phénomènes volcaniques. On a voulu même faire du phénomène volcanique, ou plus exactement de la production des *volcans à cratères*, un apanage exclusif des temps quaternaires et modernes. Mais ceci est encore inacceptable. Il est bien vrai qu'on ne connaît pas de cratères crétacés ou même éocènes ; mais aucune production n'est plus facilement altérable qu'un cratère, et la mer encore plus vite que les intempéries disperse les matériaux incohérents qui composent les cônes ignivomes. Les roches éruptives sont fréquentes à tous les âges ; elles ont changé de nature avec les époques, parce qu'au fur et à mesure du refroidissement spontané de la terre, le laboratoire qui les a fournies a changé de profondeur ; mais il est bien probable que le mécanisme de leur sortie s'est fort ressemblé à toutes les époques.

ERRATA

Page 40, ligne 10, au lieu de *structur porphyrique*, lire *structure porphyrique.*

Page 76, la figure 51, tête du Mosasaure, est renversée.

Page 99, ligne 5 (à partir du bas), au lieu de fig. 80, lire fig. 87.

PROGRAMME

DE L'HISTOIRE NATURELLE DES PIERRES ET DES TERRAINS

GÉOLOGIE

POUR LA CLASSE DE QUATRIÈME

(Arrêté ministériel du 2 août 1880).

———————

(A) Modification continue du sol.

Dégradation des roches par l'action de l'eau et de l'air. — Recul des falaises de la Manche. — Creusement des vallées. — Dépôts de sable, de vase. — Formation des deltas. — Désagrégation des roches granitiques ; argile, kaolin.

Glaciers. — Moraines. — Blocs erratiques.

Dunes.

Sources thermales ; leurs dépôts. — Origine des filons métallifères.

Volcans. — Origine des filons de roches. — Métamorphisme de contact.

Soulèvements et affaissements lents.

Tremblements de terre. — Failles.

(B) Notions sur les principales roches, les principaux terrains et les principales périodes géologiques.

Roches ignées fondamentales. — Roches stratifiées ou de sédiment. — Roches ignées intercalées.

Utilité des fossiles (animaux et végétaux) pour caractériser les terrains et les étages. — Mollusques d'eau douce ; mollusques marins.

Terrains primaires et de transition.

Mollusques, crustacés et poissons.
Terrain silurien. — Ardoises.
Terrain dévonien. — Marbre des Pyrénées.
Terrain houiller. — Distribution des dépôts houillers. — Origine et exploitation de la houille.

Terrains secondaires.

Ammonites. — Bélemnites. — Grands reptiles. — Premiers mammifères.
Terrain triasique. — Amas de sel gemme et de gypse.
Terrains jurassiques. — Marbres compacts, calcaires oolithiques.
Terrain crétacé. — Nature de la craie. — Nodules de silex, de pyrite et de phosphate de chaux.

Terrains tertiaires.

Nummulites et cérithes. — Mammifères.
Pierre à plâtre de Paris. — Faluns de Touraine et d'Aquitaine. — Volcans éteints de l'Auvergne.

Terrains quaternaires.

Diluvium. — Période glaciaire. — Apparition des animaux et des végétaux actuels. — Homme préhistorique; cavernes à ossements; armes et instruments primitifs.

Étude de la carte géologique de France dans ses traits principaux.— Histoire de la formation du sol de la France.

TABLE DES MATIÈRES

DEUXIÈME PARTIE

TROISIÈME PARTIE.

QUATRIÈME PARTIE.

FIN DE LA TABLE DES MATIÈRES.

4205-82. — CORBEIL. Typ. et stér. CRÉTÉ.

www.ingramcontent.com/pod-product-compliance
Lightning Source LLC
Chambersburg PA
CBHW050126210326

41519CB00015BA/4117